CMP BOOKS
机工IT

人人都能学懂的
前端开发

全彩印刷

加百利◎编著

机械工业出版社
CHINA MACHINE PRESS

虽然 HTML/CSS 作为非常经典的技术，已经有很多人写过相关的教程，但它依然没有足够简单到任何人都可以尝试来学习。尽管作为前端技术方向，它有着丰富的界面交互，但里面隐藏的逻辑规则却很容易被人忽略。本书的主要内容为 HTML/CSS 的相关技术，包含了基础标签、智能表单和语义化标签等，同时还讲解了 CSS 选择器、文本修饰、图片修饰、浮动、溢出、经典盒模型与弹性盒模型、伪元素等，除 PC 端布局外还讲解了针对移动端的网页适配。

为了更好的阅读体验和学习效果，本书除了全彩印刷、扫码看视频，还大胆地做了几项创新性尝试，包括预计阅读时间、知识补给站、编程单词表、知识点案例化，以及在线练习平台等。

即便是非理工科出身的人，或者已经脱离系统学习多年的上班族，只要你对网页制作有兴趣，就可以学懂书中的内容。本书的读者对象主要针对网页开发零基础的人群，以及一些非计算机专业的网页开发爱好者。编程并非程序员的专利，作者希望本书可以最大限度地降低读者入门 HTML/CSS 的难度。

图书在版编目（CIP）数据

人人都能学懂的前端开发 / 加百利编著 .—北京：机械工业出版社，2024.4
ISBN 978-7-111-75379-7

Ⅰ.①人… Ⅱ.①加… Ⅲ.①网页制作工具–程序设计
Ⅳ.①TP392.092.2

中国国家版本馆 CIP 数据核字（2024）第 056610 号

机械工业出版社（北京市百万庄大街 22 号　邮政编码 100037）
策划编辑：丁 伦　　　　　　　　责任编辑：丁　伦
责任校对：郑　婕　薄萌钰　韩雪清　责任印制：刘　媛
涿州市般润文化传播有限公司印刷
2024 年 6 月第 1 版第 1 次印刷
185mm×260mm · 17.5 印张 · 410 千字
标准书号：ISBN 978-7-111-75379-7
定价：119.00 元

电话服务　　　　　　　　　网络服务
客服电话：010-88361066　　机 工 官 网：www.cmpbook.com
　　　　　010-88379833　　机 工 官 博：weibo.com/cmp1952
　　　　　010-68326294　　金 书 网：www.golden-book.com
封底无防伪标均为盗版　　机工教育服务网：www.cmpedu.com

前言
Preface

谢谢你打开这本书，即使在阅读它之前。

还要恭喜你，尤其在阅读这本书之后。

这本书适合什么人阅读

这本书不同于市面上大部分编程类的书籍，它并不是给所谓的专业人士准备的，因此它无法作为一本纯粹的工具书来参考。我不会机械地罗列所有的编程知识点，如果是这样，你去网上看免费的手册即可，而不需要花钱购买这本书。这本书针对的主要人群，是想学习前端的新手小白，甚至外行。如果你恰好也想拥有自己的个人主页或网站，那这本书将是你的福音。

为了抹平普通人和计算机科班出身人士的知识差距，我在大部分章节最后的 📱知识补给站中做了大量的计算机科普工作，甚至，就算你只是冲着这些科普知识来买这本书，你也会觉得物有所值。

对于英文不好的人我还准备了编程 📖单词表，在每个章节的最后以及附录中做了总结。它能有效地提高读者对代码的理解能力。另外，所有案例的效果都提供了在线练习网址，你可以实时查看并调试代码，从而避免"一看就会，一学就废"。

在线练习网址是 http://ay8yt.gitee.io/htmlcss，建议你使用 PC 浏览器打开它，以获得更好的体验。

这本书包含什么内容？

这本书的主要内容为 HTML/CSS，每个章节的阅读时间我已经帮你估算了出来，在正常情况下，你大概需要 12 个小时的阅读，以及 20 个小时的练习，就可以动手完成一个自己的网站（或临摹网上约 80% 的网站）。在未来，我会陆续推出 JavaScript 等进阶的内容，敬请期待。

这本书有什么特点？

我认为这本书最大的特点，应该是尊重常识。任何知识的学习，都要循序渐进。尤其对于新手小白来说，不能一上来求大、求全。我会根据理解难度逐步把知识点展开讲解。跟传统的教科书比起来，这本书可能不够全面，"看起来"不那么专业。但对于新手小白来说，简单、够用就行了。

这本书凭什么保证通俗易懂？

我认为，一本好的教程，应该具备如下特点。

1）考虑受众群体的基础知识水平，并认真对待。

2）对学习过程中每一个小白可能产生疑问的地方都要做好预判。

3）对于实战案例，要精心打磨，尽可能做到简单而又典型，不可随意列举。

4）用最复杂的准备，做最简单的输出 。

让每一个想学编程的人，都变得适合学编程。

这，可能才是我们作为"前浪"，为"后浪"们能做出的最大帮助。

目录
Contents

第3章 样式基础与布局

第4章 图文的基本处理与混排

第5章　页面布局与基本交互

第6章　智能表单与BFC规则

第7章　高级选择器与动画

第8章 变形与3D

第9章 移动端布局

第10章 布局神器flex

第11章 项目实战：制作个人站点

附 录

第 1 章　初 识 前 端

1.1 什么是前端 预计阅读时间 5 分钟

1.1.1　一道经典的面试题

在程序员这个行业里，流传着一道令人"闻风丧胆"的面试题:

> 『 当在浏览器的地址栏里输入网址，从敲下回车（按〈Enter〉键）的那一刻起，
> 直到整个网页呈现在你的面前，这个过程中到底发生了什么?』

为什么我说它令人闻风丧胆呢? 因为这个题目表面上看起来太简单了，但是当你认真思考时，会发现它简直难如登天。我随便问几个问题，看你能回答多少?

1）地址栏里的地址，为什么在开头会写 http:// 或者 https://，它代表了什么含义? 又有什么样的差别?

2）为什么访问一个网站，不输入 IP 地址，却要输入域名?

3）以.com 结尾，或以.cn 结尾，或者以其他形式结尾的域名有何不同?

4）网站服务器能区分出输入网址的是"张三"还是"李四"吗? 它是如何区分的?

5）当数以万计的人同时访问这个网址时，网站的服务器为什么不会崩掉?

6）浏览器发给服务器的信息，除了这个网址，还包含其他信息吗?

7）在服务器返回的内容中，都包含哪些东西? 浏览器是如何识别它们的?

8）为什么不同浏览器打开相同的网址，看到的网页一模一样? 不同浏览器的软件是如何做到这种默契的?

为了让你能够理解这些问题，上面这个问题清单，其实经过了我的加工翻译，去掉了所有编程的专业术语和细节场景。你可别小看这些问题，如果在面试中碰到这个问题，它几乎能难倒 95% 以上的程序员。整个过程涉及的知识太多，而且有无穷无尽可以追问的细节。

必须承认，包括我自己在内，也无法精准地回答每个问题的细节，但是这没有关系，这不是我们的目标，也不是这本书的意义，还记得这节课的标题吗? 什么是前端? 这才是这节课我们要搞清楚的。

所以接下来我还是要大致跟你讲讲这个过程。

1.1.2　前端后端怎么区分

当你在地址栏输入 www.baidu.com 这个地址时，首先，这个消息会发送到网通或者电信一个叫作 DNS 服务器的地方。服务器会从一张超级大的表格当中，找出你输入的这个域

名，以及它对应的 IP 地址。拿到 IP 地址之后，才能找到真正的百度服务器。接下来，百度服务器会根据你输入的地址内容，来分析要请求的数据。然后去连接数据库，再通过特定的（SQL）查询方式，从数据库得到结果，再将数据进行二次加工。最终，服务器将一个网页的代码返回给浏览器。

在这段代码当中，包含了 HTML、CSS、Javascript 三项内容。接下来，浏览器开始解析并执行这段代码，最终将结果展示给你（也就是百度首页）。整个过程如图 1-1 所示。

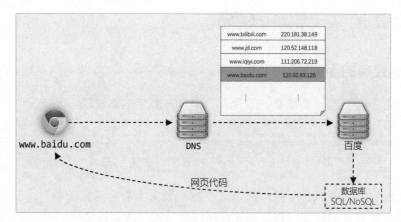

图 1-1　网页的加载流程

我们把这个过程的工作大致分为两类，如图 1-2 所示。

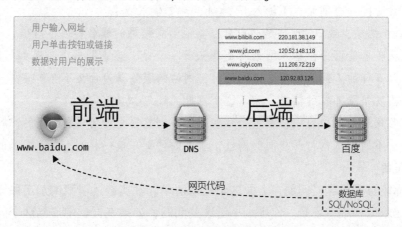

图 1-2　前后端的区别

一类是直接跟用户打交道的部分，我们把这些划入**前端**的范围。如用户输入网址、单击按钮、数据对用户的展示；另外一类是对用户不可见的部分，我们把这些划入**后端**的范围。

1.1.3　一些小问题

在前端这个领域，我们大部分时间都是围绕着网页来开展工作的。一个完整的网页，需要包含 HTML、CSS、JavaScript 三部分内容。讲到这里，对于很多计算机小白的用户来讲，可能还有很多疑问，如什么是 IP？什么是 DNS？什么是域名？甚至，什么是服务器？在本章的最后，我为你准备了这些名词的解释，花上几分钟时间就能搞懂它们。

Q：大家经常说的前端、H5、Web 前端、大前端，有什么区别吗？

A：其实没什么本质区别，就像我们说中国、大中国、中华、大中华一样，就看你怎么理解了。

Q：网页现在有多普及？

A：在传统的印象中，我们似乎只能在浏览器里才会看见网页。然而今天，它已经化身为另外一种形式，悄悄地覆盖了互联网的每一个角落。大家常用的天猫超市、微信公众号、微信小程序、支付宝小程序、QQ 音乐、今日头条、爱奇艺、优酷、淘宝等，都或多或少地嵌入了网页，使用了 HTML 5 的技术。

图 1-3　微信公众号

你可以随便打开微信公众号里的一篇文章，按住屏幕向下拖动就能看到这个现象了。在屏幕的最上方，你会看到一行灰色的小字（见图 1-3）"**网页由 mp.weixin.qq.com 提供**"，这说明在公众号里看到的就是一个网页。网页在今天互联网时代的普及性和重要性，已经不言而喻。

1.2 网页为什么叫 HTML 预计阅读时间 5 分钟

1.2.1 常见浏览器介绍

学习前端开发非常有必要去了解一下这些常见浏览器，以及它们的全球市场占有率（见图 1-4，占比数值仅供参考），这会让你在后续的学习中，避免很多不必要的问题。

图 1-4　常见浏览器全球市场占有率

- **Opera**：欧朋浏览器，在国内并不算很常见。
- **FireFox**：火狐浏览器，浏览器的鼻祖 NetScape 算是它们的第一代作品，FireFox 曾经一度超越 IE 成为世界第一大浏览器。
- **Edge**：这是目前 Windows 系统自带的浏览器，古老的 IE 浏览器已经彻底被淘汰。
- **Safari**：这是苹果 mac 系统和 iPhone 自带的浏览器。
- **Chrome**：谷歌浏览器的全球市场份额是绝对的领先地位。所以在接下来的学习中，我会建议你全程采用该浏览器做练习。

上面所讲的是 PC 端的浏览器。就目前来讲，我们主要的上网方式，已经从 PC 端转移到了移动端上。在移动端，我们上网的时候主要使用的浏览器大致有两种，分别是苹果系统的 Safari 和安卓系统的 Chrome（见图 1-5）。

图 1-5　手机浏览器两大阵营

这里，我们可以回答第 1.1.1 小节提出的那个问题：为什么不同的浏览器打开相同的网址，看到的网页一模一样？不同浏览器的软件是如何做到这种默契的？

答案其实很简单，因为浏览器在运行一个网页时，是有全球统一标准的，大家都遵守标准，看到的结果自然就一样了。这套标准的名称，就叫作 **Hyber Text Markup Language**，简称为 **HTML**，目前已经到了 5.0 版本。当然，在编写一个网页时，所有人也应当遵守这个标准，编写出固定格式的网页，你的网页在所有浏览器里就会看起来一模一样的。总结一下，即开发者们按照 HTML 标准编写网页，浏览器按照 HTML 标准呈现网页（见图 1-6）。

图 1-6　HTML 标准的统一

1.2.2　浏览器的规范与 W3C

行业标准并不是法律条文，如果不遵守标准会有什么后果呢？想象一下，如果你是一家生产计算机的厂商，别人的 U 盘插在你生产的计算机上不能被识别，而在其他计算机上却畅通无阻，你猜消费者会不会买你的账呢？因此，你肯定不敢轻易地违反标准。

　　然而当年的苹果公司，偏偏就喜欢不循规蹈矩。熟悉苹果计算机的人都知道，它的开始菜单是在屏幕上方的，据说，之所以这么设计，就是为了跟 Windows 系统反着来。苹果产品，曾经就是特立独行、价格昂贵、小众的代名词。直到后来，乔布斯带领苹果，创造了 iPhone 这款产品，如今，苹果产品依旧特立独行、依旧昂贵，但却已经风靡全球。苹果公司的后来居上，可以说是 21 世纪至今为止最成功的商业案例之一。

　　不过，天才毕竟是少数的，行业标准对我们来说依然重要。这些生活中重要的标准，都是由哪些组织来制定的呢？

- USB 相关标准由 SUB-IF（USB 标准化组织）制定。
- 蓝牙由 BT SIG（蓝牙特别兴趣组）制定。
- WiFi，由 IEEE（电气与电子工程师协会）制定。

　　而今天我重点要跟你介绍的，就是 HTML 标准的制定者，大名鼎鼎的 W3C。

　　W3C 的英文全称叫作 **World Wide Web Consortium**，它的中文全称叫作**万维网联盟**。W3C 并不是一家公司，它是一个非营利的组织，所以没有所谓的全球总部。它的成员也都是来自世界各地。所以它在很多国家都设立了办事处，并且建立了四个全球中心。这四个中心分别位于美国的麻省理工学院、法国的欧洲数学与信息学研究联盟、日本的东京庆应大学，以及中国的北京航空航天大学。W3C 是软件行业里最庞大、最权威的组织。有非常多的软件行业的规范标准都是由它们来制定的。

　　这是 W3C 的网址：www.w3.org，建议你亲自去浏览一下。

1.3　编写第一个网页　预计阅读时间 12 分钟

　　在开始编写第一个 HTML 网页之前，你需要做如下准备。

1) 准备一台计算机（好像是废话）。

2) 安装一个浏览器（建议安装 Chrome 最新版本）。

准备工作完成，接下来完成我们的第一个案例。

　　第一步　新建一个文本文档（txt 文件）。

　　第二步　编写如下代码，先不用管它是什么意思，照抄下来就可以。你也可以通过下面的网址进行在线练习。

```
<!DOCTYPE html>
<html>
  <head>
    <meta charset="utf-8"/>
    <title></title>
  </head>
  <body>
    这是第一个网页
  </body>
</html>
```

移动端仅提供预览无法在线编辑

案例 001 http://ay8yt.gitee.io/htmlcss/001/index.html，你可以打开网址在线编写并查看结果。

特别要强调一下！在编程世界里，所有的标点符号都是英文状态，别写错了啊。

第三步 将文件的扩展名修改为 html。如果你不知道如何修改扩展名，请在本章的知识补给站中查看修改文件扩展名的方法。接下来你会惊奇地发现，这个文件的图标变成了浏览器的样子（见图1-7）。

第四步 双击打开这个文件，就看到网页内容了（见图1-8）。

图 1-7 不同扩展名的图标

图 1-8 网页运行效果

第五步 你会看到代码里的那段中文，出现到了网页上。接下来我们尝试修改它的内容。在 home.html 文件上单击右键，使用文本文档打开，修改内容如下。

```
<!DOCTYPE html>
<html>
  <head>
    <meta charset="utf-8"/>
    <title></title>
  </head>
  <body>
   <button>
      这是第一个网页
   </button>
  </body>
</html>
```

我们增加了一个 button 这样的单词，并在首尾带上尖角号 </> 。

第六步 保存文件，并刷新这个页面（见图1-9）。

图 1-9 修改后的网页运行效果

你会发现， button 这个单词并没有出现在页面上，但是文字好像变成了按钮？

好，现在让我们回到网页的代码，我来跟你解释一下这到底是怎么回事。

首先，你观察到的代码中有不少成对出现的，并且带有尖括号的单词（见图1-10）。

当我们给一些特定的单词加上尖括号 <> 后，它就会变成所谓的**标记文字**，这些<标记文字>不再是普通的文字内容，它们不会显示在页面上，每个标记都有自己的特殊作用（比如制作一个按钮或对文字居中排列），这些标记超越了普通文本的意义，因此叫作超文本（HyperText），它们全部以标记（Markup）的形式来书写，

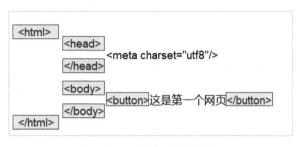

图 1-10　成对出现的标记

所以这种编程语言就叫作**"超文本标记语言"**。它的英文全称叫作 HyperText Markup Language，简称为 HTML。

你可以试试把代码修改成下面这样，刷新页面看看效果如何吧。

```
<body>
  <center>
    <button>
      这是第一个网页
    </button>
  </center>
</body>
```

1.4　开发前的准备工作　预计阅读时间 9 分钟

1.4.1　使用开发工具

在上一节中，我讲了网页为什么叫作 HTML，并带你简单地体验了一下网页的编写。

接下来在真正开始编写网页之前，你还需要做一些重要的准备工作。

首先，你需要安装 Chrome 浏览器（如果你之前已安装，此步骤可跳过）。

其次，你需要安装一个专业的代码编写工具，否则每次都用记事本写代码将非常麻烦。

这里推荐你使用 Hbuilder X，推荐它并不仅仅因为它是国产软件，还因为跟市面上其他软件比起来，它非常简单、好用，用户体验更佳。这个软件体积非常小，也不需要安装，只要下载下来，解压就可以使用。尤其对于初学者来讲，这个软件几乎不需要什么学习成本，就可以快速地掌握它。

由于 Hbuilder X 是一个绿色软件（知识补给站-何为绿色软件?），下载后只需要解压出来就可以直接使用。第一次打开这个软件，会看到这样的界面（见图 1-11）。

新建一个项目。所谓新建项目，其实就是在指定的目录新建一个文件夹（见图 1-12 和图 1-13）。

然后在项目上单击右键新建一个 html 文件（见图 1-14）。

图 1-11　Hbuilder X 界面

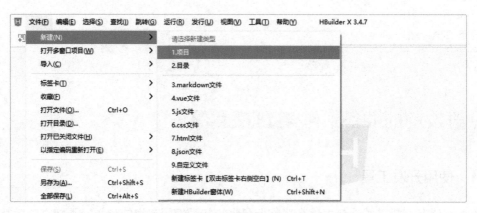

图 1-12　新建项目（一）

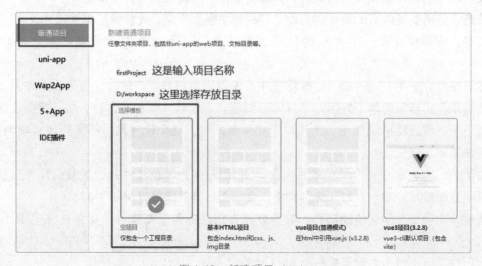

图 1-13　新建项目（二）

图 1-14　新建 html 文件

接下来就可以编辑这页面的代码了。当写好之后，单击保存 快捷键〈Ctrl+S〉，然后启动菜单栏中的运行功能（见图 1-15）。

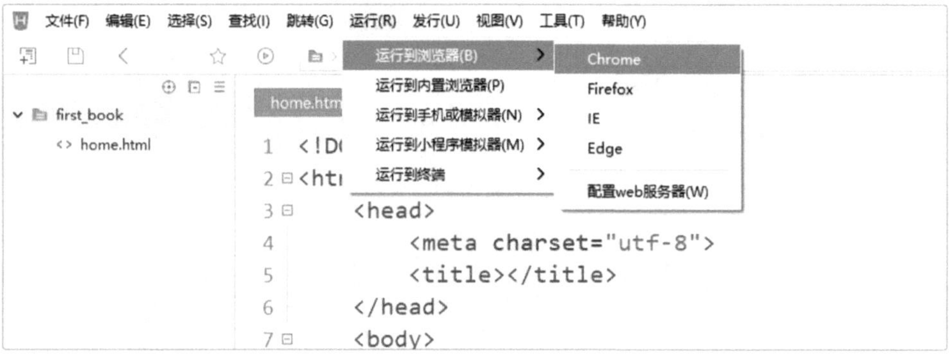

图 1-15　运行网页

如果你的 Chrome 浏览器此前已经正确安装，不出意外的话，这个页面将会自动打开。第一次运行网页的时候，打开的速度会比较慢。因为 Hbuilder X 会自动下载一些配套程序。你要耐心地等一等。

1.4.2　代码基本规范

对于初学者来讲，有一件事情要格外注意：那就是写代码的时候，一定要有缩进。就像我们小时候写作文，开头是一定要空两格的。那什么时候使用缩进呢？规则也非常简单，每当一个标签（成对出现的标记），出现在了另外一个标签的内部。也就是标签出现嵌套结构时，那你就要使用缩进了（见图 1-16）。

图 1-16 所示就是一个典型的缩进。这些缩进通常不需要用空格输入。而是使用键盘上的〈Tab〉键。刚开始学习，很容易犯一个错误，那就是把代码写成这个样子（见图 1-17）。

千万不要犯上面的错误，这是再基本不过的行业规矩，如果你不能遵守，会受到所有专业程序员的批评，甚至包括未来维护和更新这段代码的自己。当代码量到达几百行的时候，没有缩进就像写一篇小说没有标点符号一样，那绝对是一件令人抓狂的事情。

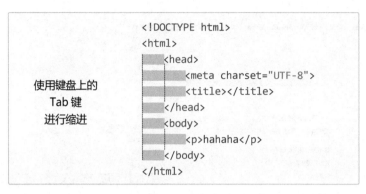

图 1-16　缩进效果

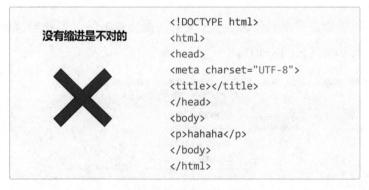

图 1-17　没有缩进的代码

接下来，我带你简单了解一下标签的基本写法，咱们就可以开始动手写真正的案例了。网页上绝大多数的标签，都是成对出现的。标签必须带有尖括号，写法如下。

<标签名> … </标签名>

开始标记和结尾标记，写法略有不同，结尾处多了一个/。

嗯，如果你准备好了，我们就开始进入下一章了。

知识补给站

知识补给站主要针对一些可能会阻碍你学习的计算机常识进行科普，如果你已经对它们比较了解，完全可以跳过它们。本节涉及的话题包含：

什么是 IP?　　什么是 DNS?　　你了解域名吗?　　什么是服务器?　　修改文件扩展名　　何为绿色软件?

补给 1：什么是 IP

要搞清楚 IP 的概念，还是得先从其名字下手，它的全称为 Internet Protocol，中文翻译过来叫作互联网协议。它是计算机之间通信的基本规则。现在想象你有 5 台计算机，用网线把它们连接起来，组成了一个网络，但是这些计算机之间在通信时怎么识别对方呢？换句话说，大家相互发送消息时，怎么判断消息是来自于哪一台机器呢？

为了给每个计算机一个唯一的身份标识，我们就发明了 IP，每个 IP 包含四段数字，每段数字范围大小在 0~255（见图 1-18），如 223.104.41.212，就代表一台计算机的编号。

图 1-18　IP 地址

现在，每台计算机都有了一个唯一编号，它就相当于计算机在网络当中的地址一样，于是我们也管它叫 IP 地址。

每个分段共包含 256 个数字，四段排列组合，一共可以表示 42 亿 9496 万 7296 个 IP。

聪明的你似乎发现了一个问题？世界上这么多台计算机，这些数字会不会不够用呢？还真不够用，大概在 2019 年，所有的 IP 地址就已经被用完了。但是为什么我们没有感觉呢？因为我们还发明了内网的概念（见图 1-19）。

图 1-19　公网与内网

现在，李四和王五都通过张三来进行上网。由于内部网络的建立是没有限制的，理论上可以划分出无数层内网，这样就解决了 IP 不够用的问题。这里的"张三"只是一个比喻，现实中，它可能是一台服务器、一个路由器或交换机等，大家都通过它这个代理进行上网，因此通常把它叫作**网关**。

补给 2：什么是 DNS

老规矩，还是先搞清楚它的全称：**Domain Name System**，中文叫作**域名系统**，这个系统收录了全世界所有的网站域名以及它对应的 IP。如果我问你百度的 IP 地址是多少？你大概率答不上来，平时上网只需输入 www.baidu.com 即可。

很显然，这个 www.baidu.com 就是百度的域名，它比 IP 那串数字要好记多了。所以当你在浏览器输入域名后，并不能马上访问真正的网站。你的计算机要从 DNS（域名系统）里找到域名对应的 IP，才能真正地访问服务器。那这个 DNS 系统在哪呢？平时又由谁来维护呢？它一般是由网通、电信之类的网络运营商提供的。

　　DNS 服务器当然也有自己的 IP 地址，想要知道你当前在通过哪个 DNS 来进行上网，可以查看自己的网络连接详情。这里我直接教你一个快速查看网络信息的方法。

Windows 系统

　　首先按下组合键 ⊞ R，这时会弹出"运行"对话框，在文本框中输入 cmd （见图 1-20）。

图 1-20　运行窗口

　　这时会打开一个黑色窗口（见图 1-21），接着输入命令：ipconfig/all 。

图 1-21　命令行窗口

　　接下来就会看到结果了（见图 1-22）。

图 1-22　详细的 IP 地址

macOS 系统

　　首先，找到苹果系统的 终端 程序，图标大概这样： >_ 。

　　同样会打开一个窗口，接着输入命令： nslookup www.baidu.com ，得到如下结果。

```
nslookup www.baidu.com
Server:192.168.10.5 这就是你的 DNS 服务器
Address: 192.168.10.5#53
Non-authoritative answer:
www.baidu.com canonical name = www.a.shifen.com.
Name: www.a.shifen.com
Address: 182.61.200.7
Name:www.a.shifen.com
Address: 182.61.200.6
```

DNS 服务器如果出问题了，是不是就不能正常上网了？理论上是这样的。但也不绝对，你可能遇到过这种现象，就是计算机里的网页都打不开，但是 QQ 还在线，能正常跟别人聊天。这很有可能是附近的 DNS 服务器出故障了（QQ 的网络连接直接使用了 IP 而不是域名，因此不受 DNS 影响）。

补给 3：你了解域名吗

由于 IP 地址不容易记忆，因此人们发明了域名的概念。不过在很多教程里，关于域名的解释都过于复杂，比如把它们分成了三类，即一级域名、二级域名、三级域名。第一次看见这些概念肯定毫无头绪，我简单解释一下你就能明白了。

其实，这只是一种叫法而已，所谓划分等级，并不是真有什么高下之分。拿熟悉的百度来举个例子吧。它的域名是 www.baidu.com，一共由三个部分组成。其中这个 .com 就是一级域名，baidu 就是二级域名，www 就是三级域名。

你看！就是这么简单。

那为什么要这么划分呢？它们有什么区别呢？先说一级域名（也叫顶级域名），这个名字可不是随便起的，而是有规定的，大概有 100 多种形式，比如.com、.cn、.org、.edu、.gold、.link、.net、.icu、.love、.top 等。其中大部分是根据国家地区代码来的，比如 cn 代表就是中国地区。当你想要去注册一个域名的时候，一级域名不能随意写，只能从中选一个。

然后是二级域名，这就是你自由发挥的内容了，如果能抢先注册，名字就是你的。注册域名是要花钱的，按年缴费，越抢手的域名越贵。

三级域名是不用花钱买的，比如你花钱买了 baidu.com 这个域名后，就可以随意新建多个免费的三级域名。比如下面这种。

- www.baidu.com：百度的主搜索引擎。
- map.baidu.com：百度的地图系统。
- news.baidu.com：百度的新闻系统。

好了，现在再有人问你域名及其分级的问题，你能跟他讲清楚了吧？

补给 4：什么是服务器

不知道在你的印象里，服务器长什么样子。先来问你个问题，你觉得下面三种计算机

（见图 1-23），哪个是服务器？

图 1-23　选出服务器

正确答案是：三个可以都是服务器，也可以都不是。

还是先从概念上解释一下。所谓服务器，即能够对外提供服务的机器。也就是说只要你的计算机能对外提供服务，就可以叫服务器。比如你可以把一个网站部署在当前计算机上，然后把这台计算机接上互联网并申请一个公网 IP，别人通过网址来访问该计算机上的网站。这个时候，我们就可以说，你的计算机是一个网站服务器。

想要提供什么服务，通常需要安装对应的软件，再配合后端编程来实现，如图 1-24 所示。

搭建服务器和部署网站长期以来都有很高的技术门槛，并且还要承担注册域名、申请备案、租赁硬件等不小的财务开销。不过不用担心，在本书的最后，我会教你不花一分钱，将自己的个人网站部署在服务器上。

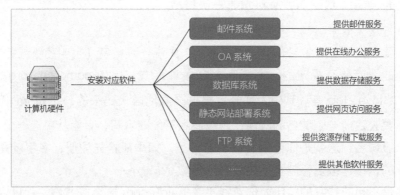

图 1-24　服务器的概念

补给 5：修改文件扩展名

计算机里的文件种类很多，它们各自用于不同的软件和用途，为了更容易辨别，每个文件名称的末尾都会有一个扩展名，用来表示文件的类型。操作系统就是根据文件的扩展名来区分文件类型的。

以 Windows 系统为例。

比如你见过这种 **win.exe** ，扩展名为 **exe** ，这叫作可执行程序，双击后程序会立刻启动，通常，它也作为某一个软件的程序打开入口。常见的扩展名有以下这些。

- txt 文本文档（就是通常说的记事本）。
- exe 可运行程序（仅限于 Windows 系统）。
- jpg / png / jpeg / gif 各种图片文件。
- zip / rar / 7z 各种压缩文件。
- docx / pptx / xlsx 各种 office 文件。
- mp3 / mp4 / wma / avi / mkv 各种音视频文件。
- pdf 可移植文档。
- html 网页文件。

文件的扩展名是默认隐藏不可见的，想要修改扩展名，就得先让它显形（见图 1-25）。

图 1-25　显示文件扩展名

注意，**当修改了一个文件的扩展名后，操作系统会按照新的类型来识别这个文件**，因此，对付那种无法卸载的问题软件有一个简单的办法，那就是把它所有文件的扩展名都改为 txt，它就不能正常运行了，甚至无法启动了。

补给 6：何为绿色软件

要理解什么叫绿色软件，就得先从非绿色软件说起。

比如，当你下载一个游戏安装包，首先，需要运行安装程序，安装过程极为烦琐，每个步骤都不能出错，否则这个游戏可能就玩不成了。当你想删除这个游戏的时候，也必须按照规则运行卸载程序，才能把这个游戏从当前计算机里清理干净。有时候，一些软件会卸载不干净，在硬盘里留下各种痕迹，占据你的计算机空间，就像被污染的环境，一点都不环保、不绿色！

那为什么这些软件一定要这么做呢？

首先，复杂的软件，安装过程也会非常复杂，就算把它安装在 D 盘，它也不会老老实实只待在 D 盘。

- 它可能会在 C 盘也安装了一个目录，用来保存配置文件、临时文件、缓存等。
- 它可能修改了操作系统的一些配置，用来给程序运行提供便利。

● 它甚至可能还写入了系统注册表，防止其他软件对它造成破坏。

　　这一系列的操作都需要一个安装程序来统一完成。很自然地，当你想把这个软件删除，从**计算机**上把它的安装痕迹清理干净，过程也是非常麻烦的，一不小心就会清理不干净，留下**"垃圾"**。

　　但是，有些软件是不需要安装过程的。下载完之后，只需要把它解压出来，找到程序入口，直接运行就可以了。它不会在其他目录生成临时文件或缓存，也不会产生那些"垃圾"。尽管损失了一些好处，但给用户带来了极大的方便。删除软件也非常简单，只需要把整个文件夹直接删掉，就被清理干净了。

　　你看，多么无污染，多么"绿色"。

📙 单词表

　　英语是个不好学但又非常必要的工具，如果你在读代码的过程中感到吃力，多半是因为不理解单词意思造成的。这里没有多余单词，只收集本章出现过的。如果忘记了记得随时来翻一翻。

英 文 单 词	音　　标	中 文 解 释	编 程 含 义
hyper text	/ˈhaɪpə tekst/	计算机专有词汇	超文本
markup	/ˈmɑːkʌp/	标记	标记、标签
language	/ˈlæɡwɪdʒ/	语言、术语	语言
body	/ˈbɒdi/	身体、躯干	主体部分
center	/ˈsentə(r)/	中间、中心、焦点	中心位置
button	/ˈbʌt(ə)n/	纽扣、扣子；按钮	按钮
header	/ˈhedə(r)/	头球、页眉、数据头	头部
title	/ˈtaɪt(ə)l/	标题、称号、头衔、职位	标题

第 2 章　准 备 工 作

2.1 写一篇博客 [预计阅读时间 5 分钟]

下面，开始做第一个练习——编写一篇博客日志。

首先，新建一个文件夹，起名为 `001 博客` 。

然后，在里面新建一个 HTML 页面，这篇博客的题目叫作《论数学的重要性》，代码如下。

```
<!DOCTYPE html>
<html>
    <head>
        <meta charset="utf-8" />
        <title></title>
    </head>
    <body>
        <h1>论   数   学   的重要性</h1>
        <i>2023.10.30</i>
        <hr >
        <p>今天我打电话叫了一个 12 寸的外卖比萨</p>
        <p>服务员告诉我</p>
        <p>12 寸的没有了,给我换两个 6 寸的行不行。</p>
        <p>我想了想,说可以。</p>
        <p>
            这个故事告诉我们一个道理,<br>  <b>数学是多么的重要啊!!!</b>
        </p>
    </body>
</html>
```

案例 002 http://ay8yt.gitee.io/htmlcss/002/index.html，你可以打开网址在线编写并查看结果。

接下来我会详细跟你解释上面这段代码的含义。

- `<body></body>` 标签是所有网页里都必备的标签，它代表着一个网页的主体部分，我们编写的 html 代码，通常都放在这个 body 标签里。

- `<h1></h1>` 叫作标题标签，它的作用是将文字加粗、换行，使得它看起来像个标题。在 HTML 标准中，提供了 6 种不同大小的标题，它们分别是 `<h1>`、`<h2>`、`<h3>`、`<h4>`、`<h5>`、`<h6>`，随着数字增大，字体逐渐减小，效果如下。

H1 标题 ## H2 标题 ### H3 标题 #### H4 标题 ##### H5 标题 ###### H6 标题

- `<i></i>` 是斜体字标签。
- `<hr>` 是水平线，由于它无法对包裹的文字产生作用，因此是一个单标签，也叫**自结束标签**。
- `<p></p>` 是段落标签，里面的文字会形成一个独立段落，从效果上看，就是段落和段落之间会以换行的形式分隔开来，上下会有一定的段落间距。因为在网页编写的时候，浏览器不能够识别在源代码当中的换行（见图 2-1），所以我们才要使用段落标签（见图 2-2）。

图 2-1　源代码中的换行效果

图 2-2　使用 p 标签的换行效果

- `<b></b>` 是加粗标签，它可以对文字产生加粗的效果，在一段文字当中，如果需要将其中部分文字加粗，就可以考虑使用 `<b>` 标签。
- `<br>` 该标签起换行的作用，由于它也无法对包裹的文字起到修饰效果，因此也是单标签。如果要在一个段落中强行对文字换行，就可以考虑使用 `<br>` 标签。
- ` ` 你可能还注意到了这个符号，由于在 html 中，我们敲下的空格无法被浏览器识别（多个空格只能被识别为一个），因此当想要敲出很多空格时，就必须使用这个符号。

关于注释

　　有时候，为了方便自己复习之前的代码，可能会在代码中写点备注内容，那么怎么写备注才能不对网页的运行效果造成影响呢？此时就引入了注释功能。使用 `<!-- -->` 这个包裹的文字内容，会被浏览器自动忽略，因此它既不会影响网页的运行效果，也能很好地在代码中进行备注。

```
<body>
    <!-- 这是一篇博客小案例,当中包含了
    h1 标签、i 标签、hr 标签、p 标签、br 标签、b 标签
    其中 hr、br 是单标签,单标签有一个共同特征,那就是无法包含文字
```

```
       因此它们的效果通常也与修饰文字无关
    -->
    <h1>论   数   学   的重要性</h1>
    <i>2023.10.30</i>
    <hr >
    <p>今天我打电话叫了一个 12 英寸的外卖比萨</p>
    <p>服务员告诉我</p>
    <p>12 英寸的没有了,给我换两个 6 英寸的行不行。</p>
    <p>我想了想,说可以。</p>
    <p>
       这个故事告诉我们一个道理,<br>  <b>数学是多么的重要啊!!!</b>
    </p>
</body>
```

　　最后，让我们来回答一下博客中提到的问题，12 英寸的比萨没有了，换两个 6 英寸的可以吗？答案如图 2-3 所示。

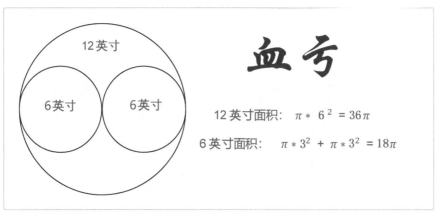

图 2-3　圆的面积

1 英寸（in）= 25.4mm

　　看见了吗？数学真的很重要。最后我们给这个案例做个小总结（见图 2-4）。

博客

`<h1>...</h1>`	`<!-- 1级标题 -->`
`<h2>...</h2>`	`<!-- 2级标题 -->`
`<h3>...</h3>`	`<!-- 3级标题 -->`
`<h4>...</h4>`	`<!-- 4级标题 -->`
`<h5>...</h5>`	`<!-- 5级标题 -->`
`<h6>...</h6>`	`<!-- 6级标题 -->`

` `	`<!-- 换行标记 -->`
`<hr>`	`<!-- 水平线 -->`
` `	`<!-- 网页上显示一个空格 -->`

`<p>...</p>`	`<!-- 段落标签, 文字会独占一行 -->`
`<i>...</i>`	`<!-- 文字会出现斜体效果 -->`
`<b>...</b>`	`<!-- 文字会出现加粗效果 -->`

图 2-4　知识点总结

2.2 制作百度新闻列表 预计阅读时间6分钟

2.2.1 无序列表

先来看一下效果，如图 2-5 所示。

图 2-5　新闻列表

```
1  <!DOCTYPE html>
2  <html>
3    <head>
4      <meta charset="utf-8" />
5       <title>百度新闻列表</title>
6      </head>
7      <body>
8        <h1>科技 <img src="img/icon-mark.png" ></h1>
9        <hr >
10       <ul>
11         <li>
12           <a href="http://people.com/30310849.html">中子星内"核面食"比钢硬 100 亿倍</a>
13         </li>
14         <li>
15           <a href="http://cneta.com/771233.html">蒂姆·库克分享新 iPhone XS 用户拍摄样张</a>
16         </li>
17         <li>
18           <a href="http://finance.com/0828.html">专家解读:中国知识付费经济向上态势明显</a>
19         </li>
20         <li>
21           <a href="http://sohu.com/0150.shtml">苹果推送 macOS Mojave 正式版,你更新..</a>
22         </li>
23       </ul>
24     </body>
25  </html>
```

案例 003 　http://ay8yt.gitee.io/htmlcss/003/index.html ，你可以打开网址在线编写并查看结果。

我来解释一下上面这段代码的含义。

第 5 行　`<title></title>` 标签用来设定网页的标题，也就是你在效果图中左上角看到的页面标题。为了模仿百度新闻的效果，需要先准备一张图片，就是这个小箭头 ↘，因为它没办法用代码编写出来。这些图片都放在案例对应的目录中，你可以在源代码中找到它。

第 8 行　使用了 `<h1>` 标题标签，同时还使用了 `<img>` 图片标签（单标签），它用来展示一张图片，注意 img 标签的内部会有一个 `src` 的属性，对于一个 img 来讲，它的作用就是要显示一张图片，因此这个 src 就是要填写图片的路径（见图 2-6）。

`<img src="icon-mark.png">`

src = 要显示的图片路径

图 2-6　图片路径

第 10、23 行　使用了 `<ul></ul>`【列表标签】，列表当中会有若干的列表项。每一个列表项使用一个 `<li></li>` 标签，列表项目会自动添加项目符号。ul 和 li 是一对组合，它们需要搭配使用。

第 11、14、17、20 行　为了让新闻标题可以单击之后跳转对应的新闻页面，因此我们使用**超链接**来编写。也就是 `<a></a>` 标签，a 标签内部有一个 `href` 的代码，它代表了你单击超链接之后要跳转的网页地址（见图 2-7）。

`<a href="http://bussn.com/2321.html">`全球首例3D打印眼角膜`</a>`

href = 要跳转的页面地址

图 2-7　超链接路径

这个案例看起来不难，但第一次动手操作起来可能并不容易，你现在可以去试试了。

2.2.2　有序列表

刚才所做的这个列表叫作**无序列表**，接下来，我们再实现一个**有序列表**，你只需要将刚才的代码改动一个地方，即把 `<ul></ul>` 标签改成 `<ol></ol>`，这时的列表项就会**自动生成编号**，代码如下。

```html
<body>
  <h1>科技 <img src="img/icon-mark.png" ></h1>
  <hr >
  <ol>
    <li>
      <a href="http://people.com/30310849.html">中子星内"核面食"比钢硬 100 亿倍</a>
    </li>
    <li>
      <a href="http://cneta.com/771233.html">蒂姆·库克分享新 iPhone XS 用户拍摄样张</a>
    </li>
    <li>
```

```
    <a href="http://finance.com/0828.html">专家解读:中国知识付费经济向上态势明显</a>
  </li>
  <li>
    <a href="http://sohu.com/0150.shtml">苹果推送 macOS Mojave 正式版,你更新..</a>
  </li>
 </ol>
</body>
```

最终效果如图 2-8 所示。

图 2-8　有序列表效果

来总结一下这一小节的内容（见图 2-9）。

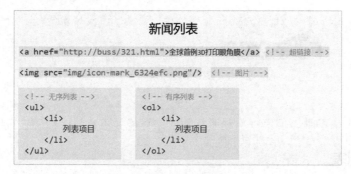

图 2-9　知识点总结

2.3 向网页中添加图片　预计阅读时间 10 分钟

2.3.1 图片的排列方式

在上一节，我们简单认识了图片标签，这一小节，我来教你图片的具体使用方法。首先，你可能要先在计算机上准备好一些练习用的图片，我在源代码中也提供了一些图片，读者可以在 004 这个目录下找到它们。

你可以把这些图片直接复制粘贴到当前项目中，一定要像我一样给每个案例新建一个目录，分类做管理，否则随着文件越来越多，你会很难找到它们。

案例 004 http://ay8yt.gitee.io/htmlcss/004/index.html，你可以打开网址在线编写并查看结果。

```html
1  <!DOCTYPE html>
2  <html>
3      <head>
4          <meta charset="utf-8">
5          <title>IMG 标签的使用</title>
6      </head>
7      <body>
8          <img src="images/1.png">
9          <img src="images/2.png">
10         <img src="images/3.png">
11         <img src="images/4.png">
12         <img src="images/5.png">
13         <img src="images/6.png">
14     </body>
15 </html>
```

第 8~13 行　每个 `<img>` 标签内部都有一
个叫作 src 的属性，它代表了图片的路径，本案
例中的图片是放在 images 这个目录下的（见
图 2-10），通常 src 后面的路径需要用**双引号**包
裹起来。

图 2-10　图片存放目录

运行效果如图 2-11 所示。

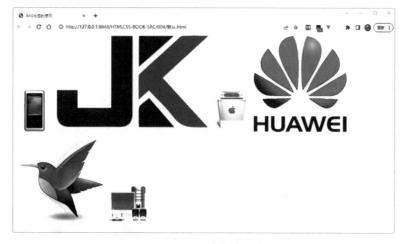

图 2-11　图片默认排列效果

从运行结果上看，图片的大小是不一致的，由于一行放不下，所以还产生了折行。因此
我们可以大概总结出一点规律，图片在网页上默认是水平依次摆放的，它们总是以底部为基
准对齐的，如图 2-12 所示。

当一行放不下时，图片就会产生折行现象，如图 2-13 所示。

为了让图片排列得更整齐，我们来修改一下它们的大小，给图片增加一个 height 属性，让它们的高度都变成 100px（px 是像素单位）。

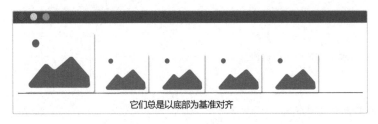

图 2-12　图片对齐效果

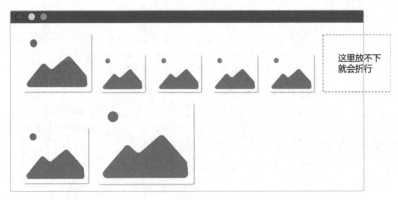

图 2-13　图片折行效果

```
<body>
    <img src="images/1.png" height="60px">
    <img src="images/2.png" height="60px">
    <img src="images/3.png" height="60px">
    <img src="images/4.png" height="60px">
    <img src="images/5.png" height="60px">
    <img src="images/6.png" height="60px">
</body>
```

现在，我们给图片都设定了相同的高度，其排列将会变得整齐很多（见图 2-14）。

图 2-14　图片被设置了相同的高度

你可能还注意到，我只是修改了图片的高度（height），图片的宽度（width）也跟着一起变了。也就是说，图片在默认情况下，是会等比缩放的。无论（单独）改变图片的宽度，还是（单独）改变图片的高度，图片的宽高比例默认是保持不变的。但是一定要小心，如果同时修改了图片的宽度和高度，这个时候图片的比例就可能发生变化，产生变形（见图 2-15）。

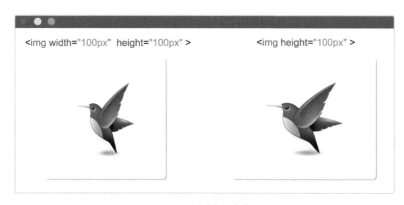

图 2-15　左侧图片变形

2.3.2　百分比大小

图片的宽度和高度除了可以指定具体的像素，也可以使用百分比，我们通过一个例子来感受一下。

案例 005　http://ay8yt.gitee.io/htmlcss/005/index.html，你可以打开网址在线编写并查看结果。

```
<body>
    <img src = "images/mtime.com01.jpg">
    <img src = "images/mtime.com02.jpg">
    <img src = "images/mtime.com03.jpg">
    <img src = "images/mtime.com04.jpg">
    <img src = "images/mtime.com05.jpg">
    <img src = "images/mtime.com06.jpg">
</body>
```

在实际的运行结果中会看到由于图片的宽度过大，页面 **水平方向** 出现了滚动条，为了解决这个问题，我们要把图片的宽度改成和页面大小一致。可是问题来了，页面的宽度是多少呢？似乎不太能确定。因此，使用百分比就成了解决这个问题的最好方式，代码如下。

```
<body>
    <img src = "images/mtime.com01.jpg" width = "100%">
    <img src = "images/mtime.com02.jpg" width = "100%">
    <img src = "images/mtime.com03.jpg" width = "100%">
    <img src = "images/mtime.com04.jpg" width = "100%">
    <img src = "images/mtime.com05.jpg" width = "100%">
    <img src = "images/mtime.com06.jpg" width = "100%">
</body>
```

现在 **width = "100% "** 代表了图片的宽度跟窗口（body 标签）宽度完全一致，水平滚动条没有了，图片也完全显示了出来。

最后总结一下图片的使用。

1）图片默认水平排列，以底部为基准对齐，会折行。

2）图片默认保持宽高比例，等比缩放，除非宽度和高度被同时修改。

2.4 如何获取自己喜欢的图片 〔预计阅读时间 10 分钟〕

2.4.1 图片另存为

只要略有上网经验应该都会知道，当光标对准网页上一张图片时，单击鼠标右键，在弹出的快捷菜单中选择【图片另存为】命令，就可以将这张图片保存到本地了（见图 2-16）。

图 2-16 图片另存为

但有些图片，单击右键后看不到【图片另存为】这个命令，那是因为这张图片并没有使用 img 标签来展示，而是用了后面会讲到的 CSS 样式。那么这种图片该如何下载呢？

扫码查看下面这个视频就能很快学会了！

我们常见的图片有 jpg、png、gif 这几种格式，在网页制作时，会根据的不同的需求场景来选择不同的图片格式。如果想要了解它们之间的差别，可以在**知识补给站**的"常见的图片格式"中找到详细的说明。

2.4.2 开发者工具

如果你不方便看视频，那么请按照以下步骤来操作。

1 打开浏览器的控制面板：在网页的空白处单击鼠标右键，选择【检查】命令，或者直接按下键盘的〈F12〉键。

（续）

2 在控制面板左上角找到图标 ，单击它，然后用鼠标在页面上选择想要的图片。

3 这时会看到控制面板里面，高亮选中了一个 html 的标签，并且右侧可能会出现图片的真正地址（见图 2-17）。如果右侧没出现图片地址，那可能是图片隐藏得比较深，可以试着在控制面板中单击这个高亮标签的上层元素，或下级子元素试试看。

图 2-17　浏览器的控制面板

4 最后，在图片地址上单击鼠标右键，在弹出的快捷菜单中选择【在新标签页中打开】命令。

2.5　先搞懂路径问题　预计阅读时间 4 分钟

2.5.1　相对路径与绝对路径的区分

在之前的章节中，我们给 img 图片标签的 src 属性编写地址时，必须要确保路径的正确性。一般来说，编写绝对路径是非常容易的。但是相对路径就比较困难了，对于新手来说特别难掌握。这其中的主要原因就是很多人分不清楚**相对路径**跟**绝对路径**的区别。

绝对路径就是完整的路径，例如下面这些路径。

- http://www.baidu.com/index.html。
- http://22.134.99.23/home/xyz.jpeg。
- D:/document/mypro/学习资料/a.mp4。

相对路径就是不完整的路径，例如下面这些路径。

- service/list.html。
- imgs/order/logo.png。

为了方便，日常开发时大家都会写相对路径。那么你肯定要问了，既然路径不完整，那浏览器是怎么找到对应的页面或者图片呢？这就要说说为什么它叫相对路径了，我们得搞清楚，它相对于谁？

比如你问我家住哪，我说我住在人民大道 56 号。你看，这显然就是个相对地址，因为全国可能有很多城市都有人民大道 56 号，但因为我人在北京，那么很显然，我是相对于北京说的。所以，只要搞清楚相对参考系，就能把相对地址变成绝对地址。

2.5.2　图片引入练习

在 home.html 页面中要添加一张图片 a.png，至于图片的地址该怎么写，要取决于 home.html 跟图片的相对位置。如图 2-18 所示，由于 imgs 文件夹跟页面处在同一个目录，因此 home 页面可以直接找到 imgs，写法如图 2-19 所示。

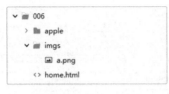

图 2-18　目录（一）

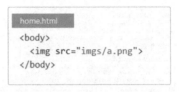

图 2-19　代码（一）

现在让我们换一种情况，假设要在 index.html 页面中添加 a.png，该怎么做呢？如图 2-20 所示，要想从 index.html 找到图片 a.png，我们要先去其上级目录才能找到 imgs，写法如图 2-21 所示，其中 `../` 代表的就是返回上一级目录。

图 2-20　目录（二）

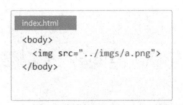

图 2-21　代码（二）

接下来，我们再换一种情况（见图 2-22），在 `apple/orange/index.html` 页面中，如果想引入 a.png 该怎么办呢？我们需要使用 `../../`，它代表连续两次返回上级目录（见图 2-23）。

图 2-22　目录（三）

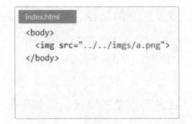

图 2-23　代码（三）

2.6　来模拟个百度云盘　预计阅读时间 10 分钟

这一次的案例需要编写两个页面，首先是 index.html，效果如图 2-24 所示。

图 2-24　index.html 页面

Index.html 源代码如下。

```
006
  img
    ai.png
    baidu.jpg
    doc.png
    exr.png
    file.png
    movie.png
    return.jpg
  one
    one.html
  index.html
```

```html
<body>
    <!-- 纯图片  是百度云盘顶部的菜单部分 -->
    <img src="img/baidu.jpg" width="100%">
    <p>
        <!-- 使用超链接包末了一张图片  当点击该图片时  页面会发生跳转 -->
        <a href="one/one.html">
            <img src="img/file.png" width="60px">我的资料
        </a>
    </p>
</body>
```

案例 006　http://ay8yt.gitee.io/htmlcss/006/index.html，你可以打开网址在线编写并查看结果。

单击"我的资料"链接后会跳转 one.html，效果如图 2-25 所示。

图 2-25　one.html 页面

one.html 源代码如下。

```
006
  img
    ai.png
    baidu.jpg
    doc.png
    exr.png
    file.png
    movie.png
    return.jpg
  one
    one.html
  index.html
```

```html
<body>
    <!-- 纯图片  是百度云盘顶部的菜单部分 -->
    <img src="../img/baidu.jpg" width="100%">
    <p>
        <a href="../index.html">
            <!-- 返回上级目录的箭头 -->
            <img src="../img/return.jpg" height="25px">
        </a>
    </p>
    <p>
        <img src="../img/ai.png" width="60px">
        <img src="../img/doc.png" width="60px">
        <img src="../img/exr.png" width="60px">
        <img src="../img/movie.png" width="60px">
    </p>
</body>
```

案例 007　http://ay8yt.gitee.io/htmlcss/007/index.html，你可以打开网址在线编写并查看结果。

在案例 one.html 中我使用了一个小技巧，用超链接包裹了一个 img 标签，这样一来，当单击这个图片时，就相当于单击了超链接。因此当你单击返回箭头的图片时，页面会发生跳转。

2.7　批量的数据展示　预计阅读时间 12 分钟

这一小节，我将带你学习如何制作表格，原始效果如图 2-26 所示。对于批量的数据展示，表格是一个必不可少的工具，尤其是一些信息处理系统的各种管理后台，里面都会有大量的表格出现。

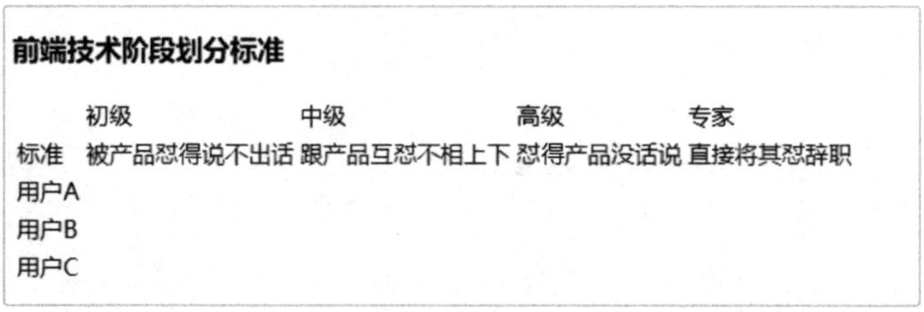

前端技术阶段划分标准

	初级	中级	高级	专家
标准	被产品怼得说不出话	跟产品互怼不相上下	怼得产品没话说	直接将其怼辞职
用户A				
用户B				
用户C				

图 2-26　原始运行效果

编写一个表格，我们需要用到 `<table>`、`<tr>`、`<td>` 3 种标签。

`table` 代表整个表格，`tr` 代表一行，`td` 代表一个单元格。这个表格一共有 5 行 5 列，于是代码编写如下。

```
<h3>前端技术阶段划分标准</h3>
<table>
    <tr>
        <td></td>
        <td>初级</td>
        <td>中级</td>
        <td>高级</td>
        <td>专家</td>
    </tr>
    <tr>
        <td>标准</td>
        <td>被产品怼得说不出话</td>
        <td>跟产品互怼不相上下</td>
        <td>怼得产品没话说</td>
        <td>直接将其怼辞职</td>
    </tr>
    <tr>
        <td>用户A</td>
        <td></td>
        <td></td>
        <td></td>
        <td></td>
    </tr>
    <tr>
        <td>用户B</td>
        <td></td>
        <td></td>
        <td></td>
        <td></td>
    </tr>
    <tr>
```

```
        <td>用户 C</td>
        <td></td>
        <td></td>
        <td></td>
        <td></td>
    </tr>
</table>
```

案例 008　http://ay8yt.gitee.io/htmlcss/008/index.html，你可以打开网址在线编写并查看结果。

由于表格默认情况下是没有边框的，我们需要给表格设置边框宽度 `<table border = "1px">`，效果如图 2-27 所示。

图 2-27　边框效果

仔细看图，会发现单元格之间留有一定的间隙，我们要消除这个间隙，使表格看起来更加紧凑和美观。于是继续对表格做修改：`<table border = "1px" cellspacing = "0">`。

其中，`cellspacing` 代表了单元格间隙。最终效果如图 2-28 所示。

图 2-28　去除间隙效果

接下来，我们继续完善这个表格。现在表格的每一列宽度是不一样的，在默认情况下单元格的宽度大小是根据内容来决定的，如果我想把每一列的宽度都固定下来，就可以使用 `<col>` 标签，代码如下。

```
<table>
    <col width = "200px">
    <col width = "200px">
    <col width = "200px">
    <col width = "200px">
    <col width = "200px">
    <tr>
```

```
        ...
    </tr>
    ...
</table>
```

这里使用了 `<col>` 标签，并设定它的宽度等于 200px，每一个 `<col>` 就代表了一列，它的宽度就代表了那一列所有单元格的宽度。运行效果如图 2-29 所示。

前端技术阶段划分标准				
	初级	中级	高级	专家
标准	被产品怼得说不出话	跟产品互怼不相上下	怼得产品没话说	直接将其怼辞职
用户A				
用户B				
用户C				

图 2-29　最终效果

最后，我们来修改文字的对齐方式，让它们水平居中。大概有两种方法可以实现。

第一种，给每一个 td 设定对齐方式，`align` 用来设定对齐方式，`center` 表示居中。

```
<tr>
  <td align="center"></td>
  <td align="center">初级</td>
  <td align="center">中级</td>
  <td align="center">高级</td>
  <td align="center">专家</td>
</tr>
```

第二种，给每一个 tr 设定对齐方式，align 用来设定对齐方式，center 表示居中。

```
<tr align="center">
  <td></td>
  <td>初级</td>
  <td>中级</td>
  <td>高级</td>
  <td>专家</td>
</tr>
```

非常明显，第二种方式书写更加简便。

最后，简单总结一下这一小节的知识点（见图 2-30）。

```
<table>...</table> <!-- 表格 -->
<tr>...</tr> <!-- 表示一行 -->
<td>...</td> <!-- 表示单元格 -->
<col> <!-- 代表一列 -->

border="1px" <!-- 表格边框属性 -->
cellspacing="0" <!-- 单元格空隙 -->
align="center" <!-- 对齐方式-->
```

图 2-30　知识点总结

2.8 个人简历制作 预计阅读时间 12 分钟

这一小节，我来教你使用表格制作简历，效果如图 2-31 所示。

个人简历						
姓名		性别		年龄		照片
学历		籍贯				
电话		政治面貌				
毕业院校						
求职意向						

图 2-31　个人简历

我们经常会在 Excel 软件中做合并单元格的操作。就是把好几个单元格合并为一个单元格。那么在网页开发中，如何完成单元格的合并呢？首先你得把这个表格还原为没有合并的状态，得到如下效果（见图 2-32）。

个人简历						
姓名		性别		年龄		照片
学历		籍贯				
电话		政治面貌				
毕业院校						
求职意向						

图 2-32　个人简历原始效果

也就是说，你要写一个 6 行 7 列的表格，注意最后一列的宽度略大一些。

```
<table border="1px" cellspacing="0">
    <col width="100px">
    <col width="100px">
    <col width="100px">
    <col width="100px">
    <col width="100px">
    <col width="100px">
    <col width="160px">
    <tr align="center">
        <td>个人简历</td>
        <td></td>
        <td></td>
        <td></td>
        <td></td>
        <td></td>
        <td></td>
    </tr>
```

```
    <tr align="center">
        <td>姓名</td>
        <td></td>
        <td>性别</td>
        <td></td>
        <td>年龄</td>
        <td></td>
        <td>照片</td>
    </tr>
    <tr align="center">
        <td>学历</td>
        <td></td>
        <td>籍贯</td>
        <td></td>
        <td></td>
        <td></td>
        <td></td>
    </tr>
    <tr align="center">
        <td>电话</td>
        <td></td>
        <td>政治面貌</td>
        <td></td>
        <td></td>
        <td></td>
    </tr>
    <tr align="center">
        <td>毕业院校</td>
        <td></td>
        <td></td>
        <td></td>
        <td></td>
        <td></td>
        <td></td>
    </tr>
    <tr align="center">
        <td>求职意向</td>
        <td></td>
        <td></td>
        <td></td>
        <td></td>
        <td></td>
        <td></td>
    </tr>
</table>
```

案例 009 http://ay8yt.gitee.io/htmlcss/009/index.html，你可以打开网址在线编写并查看结果。

接下来要开始关键动作——合并单元格了。不过首先你要知道一个事实，那就是在

HTML 中，单元格本质上是无法合并的，但是我们可以改变它的大小，**以表格的第一行为例，单元格"合并"步骤如下。**

1 只保留第一个单元格，删除其余 6 个。

2 将第一个单元格宽度改为 7 倍 **<td colspan="7">** 个人简历 **</td>**

3 **colspan** 属性的作用是让这个单元格占据 7 列的位置，于是就得到了下面的效果（见图 2-33）。

个人简历						
姓名		性别		年龄		照片
学历		籍贯				
电话		政治面貌				
毕业院校						
求职意向						

图 2-33　个人简历首行单元格合并效果

接下来，我们就如法炮制，改造剩余的代码。

```
<tr align="center">
    <td colspan="7">个人简历</td>
</tr>
<tr align="center">
    <td>姓名</td>
    <td></td>
    <td>性别</td>
    <td></td>
    <td>年龄</td>
    <td></td>
    <td>照片</td>
</tr>
<tr align="center">
    <td>学历</td>
    <td></td>
    <td>籍贯</td>
    <td colspan="3"></td>
    <td></td>
</tr>
<tr align="center">
    <td>电话</td>
    <td></td>
    <td>政治面貌</td>
    <td colspan="3"></td>
</tr>
<tr align="center">
    <td>毕业院校</td>
```

```
    <td colspan="5"></td>
</tr>
<tr align="center">
    <td>求职意向</td>
    <td colspan="6"></td>
</tr>
```

效果如图 2-34 所示。

个人简历						
姓名		性别		年龄		照片 F2
学历		籍贯				F3
电话		政治面貌				F4
毕业院校						F5
求职意向						

图 2-34　个人简历继续合并单元格效果

现在，就差最后一步，你只需要把 **F2** 、 **F3** 、 **F4** 、 **F5** 这几个单元格 **"合并"** 在一起就完成了。

1 删除 **F3** 、 **F4** 、 **F5** 这几个单元格。

2 将单元格 **F2** 高度改为 4 倍 `<td rowspan="4"></td>` 。

3 `rowspan="4"` 的作用是让这个单元格占据 4 行的位置。

合并行的写法如下。

```
<tr align="center">
    <td>姓名</td>
    <td></td>
    <td>性别</td>
    <td></td>
    <td>年龄</td>
    <td></td>
    <td rowspan="4">照片</td>
</tr>
```

2.9 QQ 登录表单 预计阅读时间 9 分钟

这一小节我们来学习如何制作可以提交数据的表单。我们的网页在大多数时候都是从服务器把数据"拿"过来，并在客户端进行展示（见图 2-35）。

但有的时候用户也需要在页面上填写一些信息，把数据提交给服务器（见图 2-36）。

这个让用户填写信息的位置就是 `<form>` 标签，也叫作**表单**。以登录表单为例，常见的控件包含文字输入框、密码输入框、单选按钮、复选框、提交按钮等（见图 2-37）。

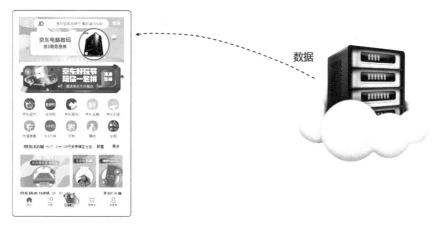

图 2-35　从服务器获取数据

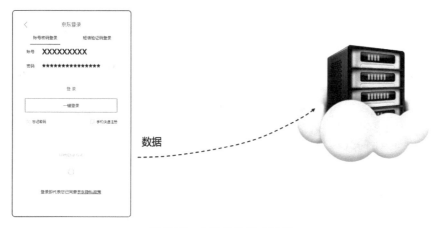

图 2-36　向服务器提交数据

图 2-37　常见表单

　　这些各种各样的输入控件都是由一个相同的标签完成的，它就是 `<input>`，注意它是一个单标签。为什么这一个标签能写出这么多效果呢？主要原因就在于 input 标签的 `type` 属性，这个属性等于不同的值，就可以变成不同的表单控件。图 2-38 列举了 input 标签常见的 type 类型及对应效果。

文本输入框	`<input type="text">`
密码输入框	`<input type="password">`
普通按钮	`<input type="button">`
单选按钮	`<input type="radio">`
复选框	`<input type="checkbox">`
提交按钮	`<input type="submit">`
重置按钮	`<input type="reset">`

图 2-38　type 类型

现在我们就可以动手来做一个登录表单的案例了。

```html
<form>
    <table width="600px" border="1px" cellspacing="0">
        <tbody>
            <tr height="40px">
                <td rowspan="3" align="center">总体信息</td>
                <td align="right">用户名:</td>
                <td>
                    <input type="text" name="loginname">
                </td>
            </tr>
            <tr height="40px">
                <td align="right">密码:</td>
                <td>
                    <input type="password" name="pwd">
                </td>
            </tr>
            <tr height="40px">
                <td colspan="2" align="center">
                    <input type="submit" value="提交">
                    <input type="reset" value="重置">
                </td>
            </tr>
        </tbody>
    </table>
</form>
```

案例 010　http://ay8yt.gitee.io/htmlcss/010/index.html，你可以打开网址在线编写并查看结果。

如果你在表格的章节已经做了充分练习，那么这个案例对你来说肯定不难。唯一需要解释的就是我在最后两个 input 标签中添加了 **value** 属性。对于一个按钮来说，value 属性代表了它的文字内容，运行效果如图 2-39 所示。

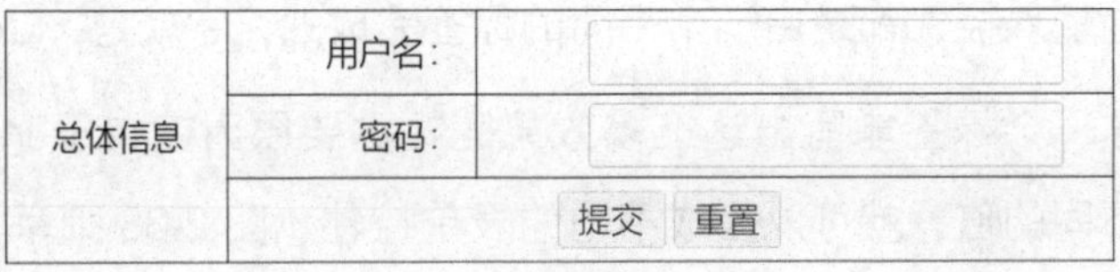

总体信息	用户名：	
	密码：	
	提交　重置	

图 2-39　表单效果

平时我们登录网站，都会使用表单来提交用户名和密码。当我们勾选了类似【10 天免登录】这样的复选框后，下次就不用登录而是直接进入系统了。你可能会怀疑这是不是把密码保存在了本地，会不会有安全风险？实际上你完全不用担心，这里面没有任何安全问题，如果你想知道表单的密码是如何存储的，可以在知识补给站的"表单的密码管理"中查看详细的解释。

2.10 其他属性 预计阅读时间 8 分钟

📑 关于超链接

当你在使用超链接的时候，单击链接页面会跳转到指定的地址。但是，如果希望当前的页面保持不动，单击链接能够在新的窗口打开页面，该怎么做呢？你可以给超链接增加 target 属性，值等于 _blank ，它就会打开一个新窗口了，代码如下。

```
<a href="http://www.baidu.com" target-"_blank">百度<a/>
```

📑 关于无序列表

还记得 ul/li 标签么？其实它的项目符号是可以修改的，一共有 3 种类型。<ul> 标签有一个属性叫作 type ，给它赋予不同的值，就能得到不同的项目符号（见图 2-40）。

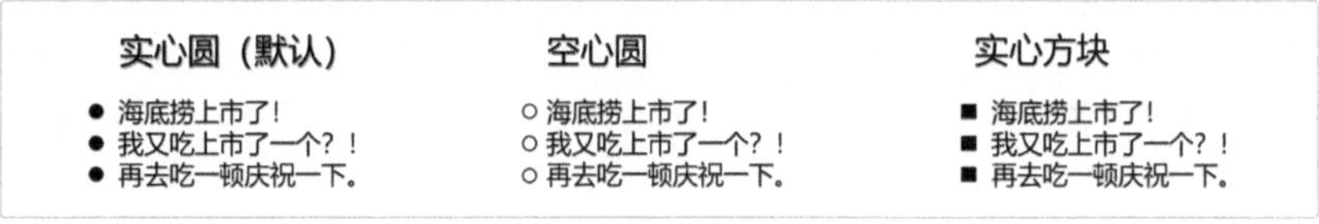

实心圆（默认）	空心圆	实心方块
● 海底捞上市了！	○ 海底捞上市了！	■ 海底捞上市了！
● 我又吃上市了一个?!	○ 我又吃上市了一个?!	■ 我又吃上市了一个?!
● 再去吃一顿庆祝一下。	○ 再去吃一顿庆祝一下。	■ 再去吃一顿庆祝一下。

图 2-40　无序列表的项目符号

下面是它的代码。

```
<ul type="disc">
    <li>海底捞上市了！</li>
    <li>我又吃上市了一个?!</li>
    <li>再去吃一顿庆祝一下。</li>
</ul>
<ul type="circle">
    <li>海底捞上市了！</li>
    <li>我又吃上市了一个?!</li>
    <li>再去吃一顿庆祝一下。</li>
</ul>
<ul type="square">
    <li>海底捞上市了！</li>
    <li>我又吃上市了一个?!</li>
    <li>再去吃一顿庆祝一下。</li>
</ul>
```

案例 011 http://ay8yt.gitee.io/htmlcss/011/index.html，你可以打开网址在线编写并查看结果。

关于有序列表

还记得 **ol/li** 标签么？其实，它的项目编号也是可以修改的，一共有 5 种类型。**<ol>** 标签有一个属性叫作 **type** ，给它赋予不同的值，就能得到不同的项目符号（见图 2-41）。

数字（默认）	小写字母	大写罗马字母
1. 北冥有鱼	a. 北冥有鱼	I. 北冥有鱼
2. 其名为鲲	b. 其名为鲲	II. 其名为鲲
3. 鲲之大	c. 鲲之大	III. 鲲之大

图 2-41　有序列表的项目符号

> 下面是它的代码。

```
<ol type="1"> <!-- 阿拉伯数字,也可以不写,因为这是默认效果 -->
    <li>北冥有鱼</li>
    <li>其名为鲲</li>
    <li>鲲之大</li>
</ol>
<ol type="a"> <!-- 小写字母 -->
    <li>北冥有鱼</li>
    ...
</ol>
<ol type="A"> <!-- 大写字母 -->
    ...
</ol>
<ol type="i"> <!-- 小写罗马数字 -->
    ...
</ol>
<ol type="I"> <!-- 大写罗马数字 -->
    ...
</ol>
```

案例 012 http://ay8yt.gitee.io/htmlcss/012/index.html，你可以打开网址在线编写并查看结果。

关于图片

在使用 **<img>** 标签展示图片的时候，如果 **src** 的地址写错了，会看到如下效果（见图 2-42）。

图 2-42　图片加载失败

这些提示性的文字是从哪里来的呢？它们分别来自 **title** 和 **alt** 属性。

```
<img src="imgs/xxx.png" title="鼠标划上去时的提示" alt="图片加载失败后的文字">
```

🔖 添加上标

> 使用 `<sup>` 可以把文字变成上标：10^2。

```
10<sup>2<sup/>
```

🔖 文字下画线

> 使用 `<u>` 可以给文字添加下画线。

```
<u>下画线<u/>
```

🔖 关于表头

在表格当中，通常第一行文字会**加粗且居中**，我们称之为表头。有一个制作表头的快捷办法，你可以试着把 `<td>` 标签换成 `<th>` 标签。`<th>` 等价于一个加粗居中的 `<td>`。

🔖 关于 *<colgroup>* 标签

在定义每一列的宽度时，代码会变得重复又冗余。有一个更快捷的方式来实现它，在图 2-43 中，左右两边的写法是等价的。

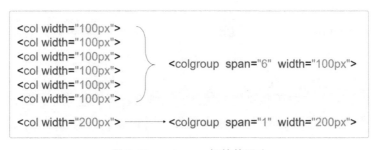

图 2-43 colgroup 标签的写法

🔖 关于标签的嵌套

并不是所有的标签都可以随意进行嵌套的，有以下一些例外情况需要注意。

- 超链接不能嵌套超链接（你可以思考一下嵌套之后会发生什么）。
- p 标签不能嵌套 p 标签（因为段落中不能再有段落）。
- 标题标签 h1~h6 不能相互嵌套（因为标题要独占一行）。

知识补给站

知识补给站主要针对一些可能会阻碍你学习的计算机常识进行科普，如果你已经对它们比较了解，完全可以跳过本节内容。本节涉及的话题包含：

表单的密码管理　常见的图片格式

补给 1：表单的密码管理

现在的主流浏览器，通常都会自带表单密码的存储功能。以 Chrome 为例，每当你在一个表单里第一次提交密码时，谷歌浏览器就会向你发出询问，是否要保存这个密码（见图 2-44）。

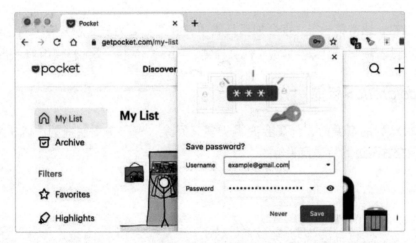

图 2-44　密码保存

如果你时常忘记密码，或不想每次都输入，直接选择保存就好了，Chrome 会以非常安全的方式帮你存储这些密码。同时可以在浏览器的【设置】->【自动填充】->【密码管理器】当中找到个人所有存储的密码。需要输入操作系统的登录口令才能查看密码（见图 2-45）。

图 2-45　密码管理设置

不过登录有些网站时，会提供一个【X 天免登录】的选项，有人误以为这是帮我们保存了密码，其实并没有。我们登录一个网站时，通常会获得一个身份凭证，跟网站通信就是靠这个凭证验证身份。一般情况下，关闭浏览器这个凭证就消失了，所谓【X 天免登录】其实是帮你把凭证保存在计算机本地。这就是为什么下次再打开网站时根本看不到登录界面，直接就进入了主页，因为身份识别通过，已经不需要登录了。

同样地，你并不需要有什么担心，这个身份凭证有着很好的防伪技术，通常不会有人能冒充你。

补给 2：常见的图片格式

你知道 JPG 、 PNG 、 GIF 、 WebP 格式的图片有什么差别吗？想搞清楚这个问题，必须先了解图片是如何存储信息的。

在你能看到的所有色彩当中，有三个非常重要的颜色，它们分别是红●、绿●、蓝●。

在计算机里，我们用 0~255 的数字大小来表示颜色浓度（见图 2-46）。

当三种颜色以不同浓度混合在一起的时候，就能产生各种各样的颜色，因此，红绿蓝也被叫作三原色。我们通常用 R、G、B 来分别表示三原色值的大小（见图 2-47）。

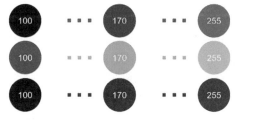

图 2-46　颜色浓度　　　　　　　图 2-47　三原色

当我们把一张图片无限放大后，会看到一个个的像素点（见图 2-48），每一个像素点都会保存一个颜色信息，也就是我们通常所说的 RGB 值了，R(red) 代表红色，G(green) 代表绿色，B(blue) 代表蓝色。

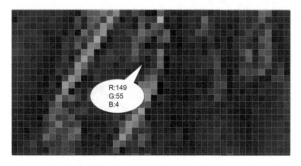

图 2-48　像素的 RGB 值

因此，一张色彩丰富的高清图像，必然包含更多的像素，存储了更多的信息。那些用相机拍摄出来的原始照片通常都非常大，一张图片有好几十 MB 的大小，因此，人们就产生了图片压缩的需求，压缩后的图片才更容易在网络间传输。因此，JPG、GIF、PNG、WebP 实际上就是不同压缩方式的差异，这也让图片产生了不同的特性。下面依次介绍它们。

GIF 图片的特点

GIF 图片最大的特点就是支持动图，一些早期的表情包大多都是这种格式。它的缺点是支持的颜色较少，只有 256 种颜色。图片看起来有明显的颗粒感，不够细腻，且颜色看上去有点失真，同时它也不支持透明色，无法产生背景透明的效果。随着 WebP 这种新图片格式的诞生，GIF 格式的图片使用的人已经越来越少了。

JPG 图片的特点

JPG 也叫 JPEG，是一种有损压缩算法，会损失一定的图片质量，优点是占用空间较小。它不支持动画，也不支持透明色。

PNG 图片的特点

PNG 图片采用无损压缩算法，占用空间也相对较小，不支持动画。最大的特点是支持背景透明，因此我们使用软件抠图得到的图片都是 PNG 格式。

WebP 图片的特点

WebP 是近几年越来越流行的图片格式，既可以做无损压缩，也可以做有损压缩，支持透明，也支持动画，也是目前最好用的图片格式。但由于兼容性问题，一些软件或服务器无法处理这种格式，因此目前还没有大规模在互联网流行。只有大型的互联网公司在使用。

SVG 图片深度解析

最后，要重点介绍一下 SVG 图片，之所以把它单独拿出来说，是因为近些年它在网页中的使用率变得越来越高，同时它的数据存储方式跟传统图片完全不一样。

SVG 的特点是它不会记录图片的每个像素信息，而是记录图像形状及颜色。例如，我们有一个五角星图像，如图 2-49 所示。

图 2-49　一个矢量的五角星图像

SVG 会如何存储图像信息呢？首先，它会记录每个端点的坐标位置，然后，记录端点连线的颜色、线条宽度和内部填充颜色等信息。当页面上需要显示这张图片时，浏览器会根据这些信息将图像重新画出来，如图 2-50 所示。

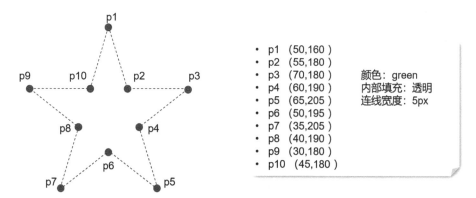

- p1　(50,160)
- p2　(55,180)
- p3　(70,180)
- p4　(60,190)
- p5　(65,205)
- p6　(50,195)
- p7　(35,205)
- p8　(40,190)
- p9　(30,180)
- p10　(45,180)

颜色：green
内部填充：透明
连线宽度：5px

图 2-50　SVG 图片原理

由于 SVG 不记录每个像素信息，而是记录形状信息，并且每次都是在页面上重新画一遍，所以带来了以下两个极大的好处。

1 占用空间更小，甚至并不需要对数据进行压缩。

2 无论你把 SVG 图像放大多少倍，它永远都不会失真，因此我们也经常叫它矢量图。

当然，这样的特性也带来了一个很大的缺点，那就是，它只能记录一些相对规则的形状，对于下面这张照片（见图 2-51），SVG 基本上无能为力，因为它包含的形状信息实在是太多了，这样的照片更适合用传统的 PNG 格式进行存储。

图 2-51　示例照片

实际当中，SVG 图片更多地被用来制作 Logo 或图标（见图 2-52）。

图 2-52　SVG 图标

单词表

英语是不好学但又非常必要的东西，如果你在读代码的过程中感到了吃力，多半是因为单词造成的。这里没有多余单词，只收集本章节当中出现过的。如果忘记了记得随时来翻一翻。

英 文 单 词	音 标	中 文 解 释	编 程 含 义
img	/ˈɪmɪdʒ/	图片、影像	image 单词的简写
src	/sɔːs/	来源、出处	source 单词的简写
href		计算机专有词汇	hypertext reference
height	/haɪt/	身高、高度	高度
width	/wɪdθ/	宽度、广度	宽度
table	/ˈteɪb(ə)l/	桌面、工作台、表格、棋盘	表格
border	/ˈbɔːdə(r)/	边界	边框
col	/ˈkɒləm/	列	column 单词的简写
align	/əˈlaɪn/	（使）排成一条直线	对齐方式
form	/fɔːm/	表单	表单
input	/ˈɪnpʊt/	输入	输入
type	/taɪp/	类型	类型
password	/ˈpɑːswɜːd/	密码	密码
radio	/ˈreɪdiəʊ/	收音机	单选
checkbox	/ˈtʃekbɒks/	复选框	复选框
submit	/səbˈmɪt/	提交	提交
reset	/ˌriːˈset/	重置	重置
value	/ˈvæljuː/	价值、等值	价值、等值
target	/ˈtɑːgɪt/	目标	目标
blank	/blæŋk/	空白的	空白的

第 3 章　样式基础与布局

3.1 认识 CSS　预计完成时间 8 分钟

3.1.1 结构表现分离

终于，我们要学习 CSS 了，网页如果只是编写 HTML 标签，那实在太单调了，想要做出丰富的效果就必须有 CSS 的作用。那么 CSS 具体能干什么呢？来看下面的例子（见图 3-1）。

图 3-1　Bootstrap 官网

图 3-1 所示是一个 HTML 和 CSS 搭配的普通网页效果。如果只用 HTML 标签来编写，而没有 CSS 辅助的话，写完之后的效果大概如图 3-2 所示。

图 3-2　没有 CSS 的网页

这个网页从功能上来讲是完善的。该有的文字也有了，该有的超链接也有了，该表达的信息也都表达了。但是它有一个致命的问题，那就是实在太不美观了。

仔细对比，二者的差异主要来自于很多的细节，比如文字大小、段落间距，文字颜色、排列方式、对齐方式、背景颜色、边框、阴影等一系列修饰。想要对网页进行修饰，就要用到 CSS 了。如果把网页比作是一个人，HTML 就相当于人的身体骨架，而 CSS 则是给人穿上了好看的衣服。这套用来修饰网页的语法就叫作 CSS。

CSS 是 Cascading Stye Sheets 的简称，中文意思是**层叠样式表**。

3.1.2 感受样式的作用

接下来，我们通过一个简单的例子来实际感受一下 CSS 的作用（见图 3-3）。

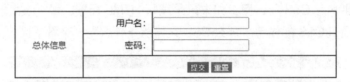

图 3-3 表单

这个案例是基于 案例 010 改造的。我修改了左侧标题的颜色，以及按钮的背景颜色、文字颜色，并消除了按钮的边框。这些是如何做到的呢？先看下面的代码。

```
<table width="600px" border="1px" cellspacing="0">
    <tbody>
        <tr height="40px">
            <td rowspan="3" align="center" style="color:red;">总体信息</td>
            <td align="right">用户名:</td>
            <td> <input type="text" name="loginname"> </td>
        </tr>
        <tr height="40px">
            <td align="right">密码:</td>
            <td> <input type="password" name="pwd"> </td>
        </tr>
        <tr height="40px">
            <td colspan="2" align="center">
                <input type="submit" value="提交"
                        style="background-color: red; color:white; border: none;">
                <input type="reset" value="重置"
                        style="background-color: green; color:white; border: none;">
            </td>
        </tr>
    </tbody>
</table>
```

案例 013 http://ay8yt.gitee.io/htmlcss/013/index.html，你可以打开网址在线编写并查看结果。

好，让我来跟你解释一下这段代码的含义。

我在标签中添加了一个叫作 **style** 的属性，它的作用就是修改标签的样式，起到修饰的作用。在这个属性中，你可以编写 CSS 的代码。

　　例如这段：style =" background-color：red；color：white；border：none；" 。

- style 表示样式风格，它后面写了 3 个样式，分别是 background-color 背景颜色、color 字体颜色和 border 边框样式。
- background-color：red；表示背景颜色被设定成了红色。
- color：white；表示字体颜色被设定成了白色。
- border：none；表示边框被设定为不存在（即没有边框）。

　　先别害怕，我并不是要你现在去记住这些东西，只是让你感受一下 CSS 的作用。它强大的修饰效果还远不止于此。

　　目前为止，我相信你已经了解了 HTML 和 CSS 的关系，它们一个负责网页的结构（HTML），一个负责网页的表现（CSS）。

3.1.3　提取自己想要的颜色

　　有时候，你在别人的网页里看到了喜欢的颜色，想用在自己的网页里，却不知道这个颜色叫什么名字，该怎么办呢？在下载的代码包里，我给你准备了一个取色器的小工具。

　　下载地址 http://ay8yt.gitee.io/htmlcss/download/getcolor.exe，使用方式如图 3-4 所示。

图 3-4　屏幕拾色器

　　使用吸管工具吸取你想要的颜色后，复制窗口那个颜色值，然后在代码中替换你的颜色名称即可。代码为 **background-color: #41A863；**。其中，#41A863 是颜色的十六进制写法，没有了解过十六进制的同学，可以去知识补给站的 "颜色为什么用十六进制表示？" 中简单了解一下。

3.2　容器的作用　预计完成时间 16 分钟

3.2.1　给一篇文章排版

　　这一小节，你会学到 <div> 和 <span> 两个新的标签，最终完成效果如图 3-5 所示（图中文字仅供效果展示）。

　　接下来我们一步步完成这个案例。首先整篇文章包括标题一共分为 7 个段落，那么我们的基础代码就很容易写出来。

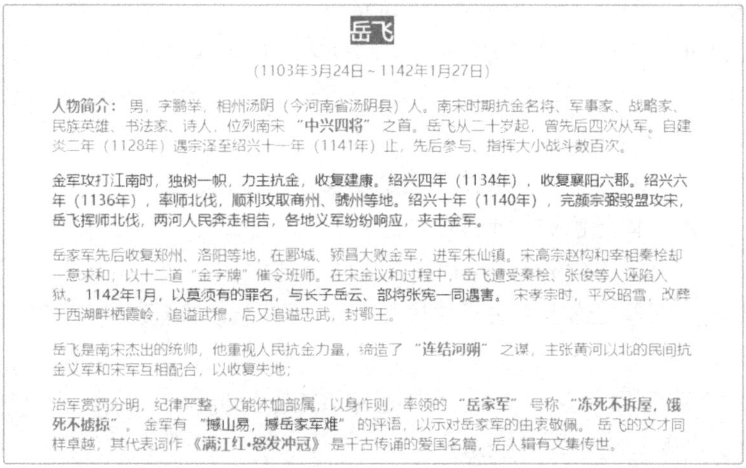

图 3-5　案例最终效果

```html
<p> 岳飞 </p>
<p>(1103 年 3 月 24 日~1142 年 1 月 27 日) </p>
<p>
    人物简介：男，字鹏举，相州汤阴( 今河南省汤阴县) 人。南宋时期抗金名将、军事家、战略家、民族英雄、
    书法家、诗人，位列南宋 "中兴四将" 之首。岳飞从二十岁起，曾先后四次从军。
    自建炎二年(1128 年)遇宗泽至绍兴十一年(1141 年) 止，先后参与、指挥大小战斗数百次。
</p>
<p>
    金军攻打江南时，独树一帜，力主抗金，收复建康。绍兴四年(1134 年)，收复襄阳六郡。
    绍兴六年(1136 年)，率师北伐，顺利攻取商州、虢州等地。绍兴十年(1140 年)，完颜宗弼毁盟攻宋，
    岳飞挥师北伐，两河人民奔走相告，各地义军纷纷响应，夹击金军。
</p>
<p>
    岳家军先后收复郑州、洛阳等地，在郾城、颍昌大败金军，进军朱仙镇。宋高宗赵构和宰相秦桧却一意求和，
    以十二道"金字牌" 催令班师。在宋金议和过程中，岳飞遭受秦桧、张俊等人诬陷入狱。1142 年 1 月，
    以莫须有的罪名，与长子岳云、部将张宪一同遇害。宋孝宗时，平反昭雪，改葬于西湖畔栖霞岭，
    追谥武穆，后又追谥忠武，封鄂王。
</p>
<p>
    岳飞是南宋杰出的统帅，他重视人民抗金力量，缔造了 "连结河朔" 之谋，
    主张黄河以北的民间抗金义军和宋军互相配合，以收复失地；
</p>
<p>
    治军赏罚分明，纪律严整，又能体恤部属，以身作则，率领的 "岳家军" 号称 "冻死不拆屋，饿死不掳掠"。
    金军有 "撼山易，撼岳家军难" 的评语，以示对岳家军的由衷敬佩。岳飞的文才同样卓越，
    其代表词作《满江红·怒发冲冠》是千古传诵的爱国名篇，后人辑有文集传世。
</p>
```

案例 014　http://ay8yt.gitee.io/htmlcss/014/index.html，你可以打开网址在线编写并查看结果。

　　现在请仔细观察，整篇文章被固定在网页中间的位置，似乎有一个看不见的容器，将它们限制住了，如图 3-6 所示。

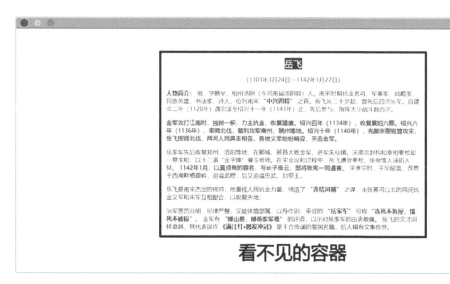

图 3-6　当前网页效果

3.2.2　div 容器

这个看不见的容器，就是我们本节要学习的
<div> 标签。这是一个通用容器标签，不具备任
何特殊功能，仅当作容器来使用。可以包裹任何内
容，容器之间也可以互相包裹，如图 3-7 所示。
div 容器天然无色透明，但它有实实在在的大小，
可以通过 CSS 样式表设定它的宽和高。

图 3-7　div 容器

因此我们接下来的思路就是，先用容器把文章
包裹起来，然后让容器居中，这样整篇文章就居中
了。代码改造如下。

```
<div style="width:700px; margin:auto;">
    <p style="text-align:center; background-color:#999999; font-size:24px; color:white;">
        岳飞
    </p>
    ...
</div>
```

案例 015　http://ay8yt.gitee.io/htmlcss/015/index.html，你可以打开网址在线编写并查看结果。

下面解释一下代码改造的内容。

- `width:700px;` 它的作用是设定了 div 容器的宽度为 700 像素。

- `margin:auto;` 主要作用是让 div 这个容器水平居中，虽然设定了它的宽度，但想让 div
  容器在水平方向居中，还需要 margin 样式的作用，这个知识点涉及盒模型，我会在后续
  的章节详细解释。

- text-align: center; 主要用来设定文字的水平排列方式，center 表示居中。
- background-color: #999999; 设定了 p 标签中的背景颜色为 #999999。该颜色是一个中等程度的灰，你可以在知识补给站的颜色对照表中查看。
- font-size: 24px; 设定了 p 标签中的字体大小为 24 像素。
- color:#FFFFFF; 设定了 p 标签的文字颜色为 #FFFFFF，即纯白色。

运行效果如图 3-8 所示。

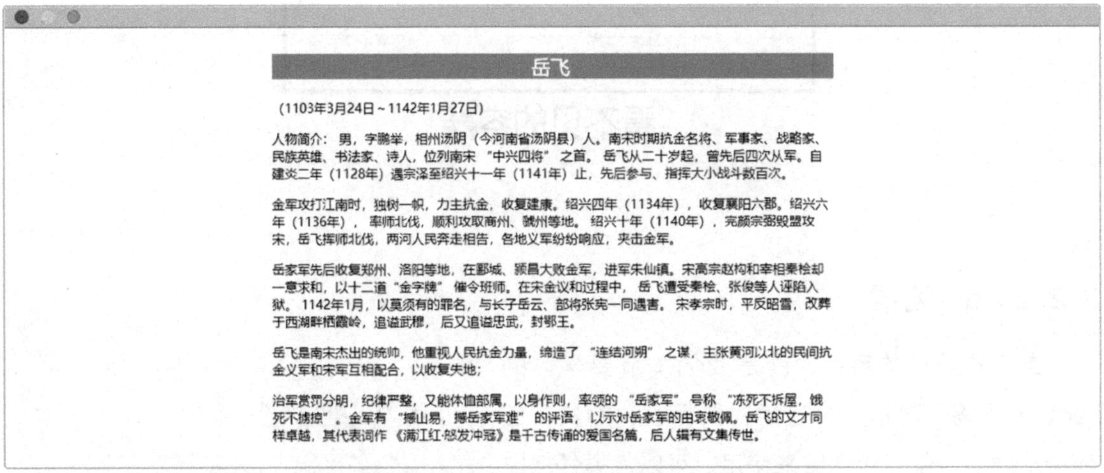

图 3-8　案例运行效果

整篇文章被限制在中间的 div 容器当中，但似乎标题的背景依然不符合要求。我们希望给标题文字添加背景色，但很显然却给整个段落加了背景。于是要再引入一个新的容器——<span> 标签。

3.2.3　span 容器

span 也是一个容器标签，不具备任何特殊功能，仅当作容器来使用。跟 div 容器的差别在于，它只能用来包裹文字内容，这个容器大小不支持修改。在默认情况下，span 容器会紧紧包裹住文字，也就是说，它的大小跟文字大小几乎一致（见图 3-9）。

图 3-9　span 容器

于是，代码继续进行如下改造。

```
<div style="width: 700px; margin:auto;">
    <p style="text-align: center; font-size: 24px; color:white;">
        <span style="background-color: #999999;"> 岳飞 </span>
    </p>
    ...
</div>
```

案例 016　http://ay8yt.gitee.io/htmlcss/016/index.html ，你可以打开网址在线编写并查看结果。

掌握了 `<span>` 的用法之后，我们便可以很轻松地给段落中部分文字添加颜色了，完整代码如下。

```
<div style="width: 700px; margin:auto; color: #888888; ">
    <p style="text-align: center; color:white; font-size: 24px;">
        <span style="background-color: #999999;">岳飞</span>
    </p>
    <p style="text-align: center; ">(1103 年 3 月 24 日~1142 年 1 月 27 日)</p>
    <p>
        <b>人物简介:</b>男,字鹏举,相州汤阴(今河南省汤阴县)人。南宋时期抗金名将、军事家、战略家、民族英雄、
书法家、诗人,位列南宋<b>"中兴四将"</b>之首。岳飞从二十岁起,曾先后四次从军。自建炎二年(1128 年)遇宗泽至
绍兴十一年(1141 年)止,先后参与、指挥大小战斗数百次。
    </p>
    <p>
        <span style="color: #ff4400">
            金军攻打江南时,独树一帜,力主抗金,收复建康。绍兴四年(1134 年),收复襄阳六郡。绍兴六年(1136
年),率师北伐,顺利攻取商州、虢州等地。绍兴十年(1140 年),完颜宗弼毁盟攻宋,岳飞挥师北伐,两河人民奔走相告,各
地义军纷纷响应,夹击金军。
        </span>
    </p>
    <p>
        岳家军先后收复郑州、洛阳等地,在郾城、颍昌大败金军,进军朱仙镇。宋高宗赵构和宰相秦桧却一意求和,以十
二道"金字牌"催令班师。在宋金议和过程中,岳飞遭受秦桧、张俊等人诬陷入狱。
        <span style="color: #ff4400">
            1142 年 1 月,以莫须有的罪名,与长子岳云、部将张宪一同遇害。
        </span>
        宋孝宗时,平反昭雪,改葬于西湖畔栖霞岭,追谥武穆,后又追谥忠武,封鄂王。
    </p>
    <p>
        岳飞是南宋杰出的统帅,他重视人民抗金力量,缔造了 <b>"连结河朔"</b> 之谋,主张黄河以北的民间抗金义
军和宋军互相配合,以收复失地;
    </p>
    <p>

        治军赏罚分明,纪律严整,又能体恤部属,以身作则,率领的 <b>"岳家军"</b> 号称 <b>"冻死不拆屋,饿死不掳
掠"</b>。金军有 <span style="color: #ff4400"> "撼山易,撼岳家军难"</span> 的评语,以示对岳家军的由衷敬
佩。岳飞的文才同样卓越,其代表词作 <b>《满江红・怒发冲冠》</b> 是千古传诵的爱国名篇,后人辑有文集传世。

    </p>
</div>
```

案例 017　http://ay8yt.gitee.io/htmlcss/017/index.html，你可以打开网址在线编写并查看结果。

简单总结一下我们在这一小节中学到了哪些知识,如图 3-10 所示。

图 3-10　知识点总结

3.3 样式选择器 预计完成时间 20 分钟

在这一小节中，我会带你完成一个简单的网页案例，通过这个案例你将学习到网页的基本布局知识，以及 CSS 当中选择器的基本使用方法，先来看最终效果（见图 3-11）。

图 3-11　最终效果

编写网页其实跟画画很像，我们需要勾勒出轮廓，再丰富其中的细节。所以通常会把一个网页先划分为若干区域，然后在每个区域内完成局部细节（见图 3-12）。

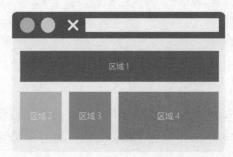

图 3-12　区域的划分

现在，我们把刚才的案例也按照这种思路进行划分，如图 3-13 所示。

图 3-13　本例区域的划分

首先，你应该想到使用 div 容器，在上一节中，我们初步认识了 div 容器。下面详细说一下它的特点。

- 它是容器标签，可以包裹任何其他标签，div 之间也可以相互嵌套。
- 它的默认宽度为 100%（即撑满父元素），高度为自动调整（由内容决定，无内容则高度为 0）。
- 它可以用 CSS 设定大小，并且无论大小怎样，每个 div 会独占一行（也就是说 div 是垂直排列的，而 span 是水平排列的）。

所以说，用 div 来做区域的划分，再合适不过了，代码如下。

```
<div id="banner">
    <!-- 这个区域是广告图 -->
</div>
<div id="navigation">
    <!-- 这个区域是导航链接 -->
</div>
<div id="bottom">
    <!-- 这个区域是页面底部的文字 -->
</div>
```

你看，我给每个 div 容器都加了一个 **id** 属性，它代表了这个标签的唯一标识。ID 在计算机中是一个很重要的概念，如果你不知道什么是 ID 可以去知识补给站的"什么是 ID"中快速了解一下。在真正的网页开发中，页面中会有大量的容器出现，为了能更好地区分它们，通常我们会给不同的容器写上一个 ID，当作它唯一的标记。在 CSS 的编写中，它也会发挥巨大的作用，稍后就会讲到。此时如果运行这个代码，页面上什么也看不到。因为容器本身是透明不可见的，关于这点在上节课你应该已经见识过了。现在需要做的就是往容器里填充内容，代码如下。运行效果如图 3-14 所示。

```
<div id="banner">
    <img src="imgs/banner.png" width="100%">
```

```
    </div>
    <div id="navigation">
        <a href="#">首页</a>
        <a href="#">新闻中心</a>
        <a href="#">产品中心</a>
        <a href="#">数字出版</a>
        <a href="#">党建园地</a>
        <a href="#">政策法规</a>
        <a href="#">服务中心</a>
        <a href="#">关于我们</a>
    </div>
    <div id="bottom">
        机械工业出版社 京 icp 备 14043556 号 Copyright (C) 2001 CmpBook. All Rights Reserved
    </div>
```

案例 018　http://ay8yt.gitee.io/htmlcss/018/index.html，你可以打开网址在线编写并查看结果。

图 3-14　案例运行效果

由于没有真实的地址，导航区域的超链接暂时用 # 号代替。现在页面上该有的内容都有了，我们要开始用 CSS 修饰它了。首先处理导航链接的问题，底部的文字与导航链接过于紧密了，要拉开它们上下之间的距离。

要怎么才能拉开距离呢？办法并不是唯一的。基于你目前掌握的知识，可以先想想。接下来说我的办法，思路是这样的：导航链接和底部的文字分别处于两个容器之中，只需要改变容器高度，同时让文字水平、垂直都居中，就能得到最终效果了。

这是目前的样子（见图 3-15），虚线框代表了容器，实际当中是看不见的。

```
首页 新闻中心 产品中心 数字出版 党建园地 政策法规 服务中心 关于我们

机械工业出版社 京 icp 备 14043556 号 Copyright (C) 2001 CmpBook. All Rights Reserved
```

图 3-15　当前效果

这是预期的样子（见图 3-16）。

想要改变容器高度很容易，只需要添加样式：height: 80px;。

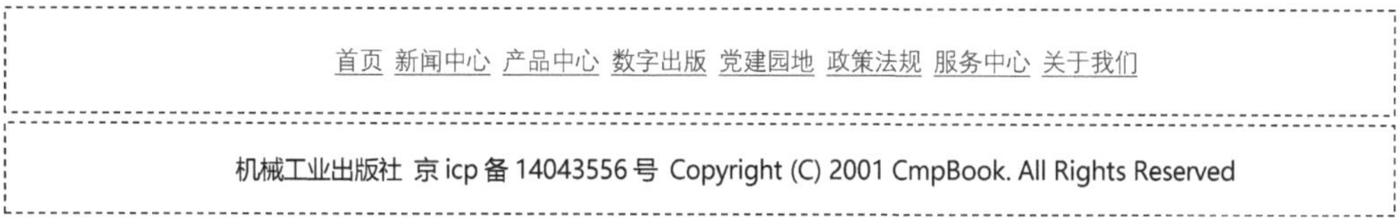

首页 新闻中心 产品中心 数字出版 党建园地 政策法规 服务中心 关于我们
机械工业出版社 京 icp 备 14043556 号 Copyright (C) 2001 CmpBook. All Rights Reserved

图 3-16　预期效果

想要让文字水平居中也很容易，只需要添加样式：`text-align: center;`。

想让文字垂直居中，该怎么办呢？我们就不得不引出一个新的概念了，它叫作 行高 。

我们在计算机里看到的文字，两行文字上下总是有一定的间隔，这其实就是行高在起作用。比如浏览器的字体大小为 **16px**，但一行字体所占据的高度，其实是 **21px**，这就是行高，如图 3-17 所示。

Gabriel
16PX
21PX
YYD
16PX
21PX

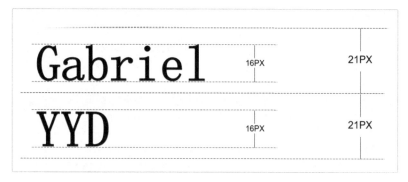

图 3-17　字体的行高

现在回到我们上面的问题，如何让文字在容器中垂直居中？答案其实很简单，那就是让文字的行高跟容器的高度相等，文字就会垂直居中了，代码如下。

```
...
<div id="navigation"style="height: 80px; text-align: center; line-height: 80px;">
    <a href="#">首页</a>
    <a href="#">新闻中心</a>
    <a href="#">产品中心</a>
...
</div>
<div id="bottom"style="height: 40px; text-align: center; line-height: 40px;">
...
</div>
```

不必我多说，你应该也猜到了，line-height 这个样式就是行高。

接下来要做的就是去掉超链接的下划线。我们要使用到一个新样式 text-decoration。decoration 这个单词表示修饰，当我们设定了样式 text-decoration：none；就是告诉浏览器不要做修饰了，下画线也就消失了。

```
...
<a href="#" style="text-decoration:none; color:black;">首页</a>
```

```
<a href="#" style="text-decoration:none; color:black;">新闻中心</a>
<a href="#" style="text-decoration:none; color:black;">产品中心</a>
<a href="#" style="text-decoration:none; color:black;">数字出版</a>
<a href="#" style="text-decoration:none; color:black;">党建园地</a>
<a href="#" style="text-decoration:none; color:black;">政策法规</a>
<a href="#" style="text-decoration:none; color:black;">服务中心</a>
<a href="#" style="text-decoration:none; color:black;">关于我们</a>
...
```

最终的完整代码如下。

```
<div id="banner">
    <img src="imgs/banner.png" width="100%">
</div>
<div id="navigation" style="height: 80px; text-align: center; line-height: 80px;">
    <a href="#" style="text-decoration:none; color:black;">首页</a>
    <a href="#" style="text-decoration:none; color:black;">新闻中心</a>
    <a href="#" style="text-decoration:none; color:black;">产品中心</a>
    <a href="#" style="text-decoration:none; color:black;">数字出版</a>
    <a href="#" style="text-decoration:none; color:black;">党建园地</a>
    <a href="#" style="text-decoration:none; color:black;">政策法规</a>
    <a href="#" style="text-decoration:none; color:black;">服务中心</a>
    <a href="#" style="text-decoration:none; color:black;">关于我们</a>
</div>
<div id="bottom" style="height: 40px; text-align: center; line-height: 40px;">
    机械工业出版社 京 icp 备 14043556 号 Copyright (C) 2001 CmpBook. All Rights Reserved
</div>
```

案例 019 http://ay8yt.gitee.io/htmlcss/019/index.html，你可以打开网址在线编写并查看结果。

终于我们完成了这个案例，该案例可能会让你感到很疲惫，因为它写起来实在太烦琐了，不是吗？随着页面的规模变大，标签随之增多，要编写的样式也会成倍增长，更要命的是，很多样式是雷同的，这意味着要重复编写相同的样式，一遍又一遍……

所以解决办法是什么呢？我们要引入内部样式的写法，也就是 style 标签。下面拿超链接举个例子吧。

```
<style>
    /*
        对于重复的超链接样式,我们将它抽取出来,放在 style 标签中,并指定为 a 标签的样式
        这样超链接就不需要重复写 style 了,最终效果是一样的
    */
    a {
        text-decoration: none;
        color: black;
    }
</style>
<body>
    ...
    <a href="#" 首页</a>
```

```
    <a href="#" 新闻中心</a>
    <a href="#" 产品中心</a>
    <a href="#" 数字出版</a>
    <a href="#" 党建园地</a>
    <a href="#" 政策法规</a>
    <a href="#" 服务中心</a>
    <a href="#" 关于我们</a>
</body>
```

我们在 style 标签内编写 CSS，一次性地解决了页面上所有超链接的样式。同理可以把其他标签的样式都抽离出来，写在 style 标签当中，于是便有了下面的代码。

```
<style>
    a {
        text-decoration: none;
        color: black;
    }
    #navigation {
        height: 80px;
        line-height: 80px;
        text-align: center;
    }
    #bottom {
        height: 40px;
        line-height: 40px;
        text-align: center;
    }
</style>
<body>
    <div id="banner">
        <img src="imgs/banner.png">
    </div>
    <div id="navigation">
        <a href="#" 首页</a>
        <a href="#" 新闻中心</a>
        <a href="#" 产品中心</a>
        <a href="#" 数字出版</a>
        <a href="#" 党建园地</a>
        <a href="#" 政策法规</a>
        <a href="#" 服务中心</a>
        <a href="#" 关于我们</a>
    </div>
    <div id="bottom">
        机械工业出版社 京 icp 备 14043556 号 Copyright (C) 2001 CmpBook. All Rights Reserved
    </div>
</body>
```

现在看我们的 HTML 代码是不是清爽多了？所有的样式被写在了 style 标签内，我们管这种写法叫作 内部样式表 。如果写在一个标签的 style 属性里，则叫作 行内样式 。这两种写法孰优孰劣，我想你心中已经有了答案。

你可能还有疑问，style 标签中的 **#navigation** 是怎么回事？这个 # 号代表 ID 的意思，也就是说，#navigation 表示 ID 号，浏览器会根据这个 ID 号，选择特定的页面元素添加样式。在当前的案例中，#navigation 代表了第二个 div 标签。

为什么要使用#ID 的方式给页面元素添加样式呢？因为页面上不止一个 div 容器，如果只写 div，浏览器会给页面上所有的 div 添加样式。使用 ID 则更加容易区分。那么话说回来，之前我们对于超链接的样式写法也是不合理的，因为这个样式将对页面上所有超链接生效，这意味着，其他地方如果出现超链接，也会被迫使用这个样式，因此代码的修改如下。

```
<style>
    .nav { text-decoration:none; color:black; }
    ...
</style>
<body>
    ...
    <div id="navigation">
        <a href="#" class="nav">首页</a>
        <a href="#" class="nav">新闻中心</a>
        <a href="#" class="nav">产品中心</a>
        ...
    </div>
    ...
</body>
```

案例 020 http://ay8yt.gitee.io/htmlcss/020/index.html，你可以打开网址在线编写并查看结果。

在每个超链接上，添加了一个叫作 **class** 的属性，它代表类别的意思。也就是说，把这些超链接归为一类，名字都叫作 **nav**，而在 style 标签中，**.nav** 就代表了类别名称，凡是拥有这个类别的标签，都会被添加这些样式。总结一下，在这个案例中，我大概教你使用了多种不同的 CSS 选择器，来给标签添加样式，如图 3-18 所示。

```
#banner {
  /* 选择ID=banner的标签，添加CSS样式 */
}
```
ID选择器

```
.nav {
  /* 选择所有包含nav这个类别（class）的标签，添加CSS样式 */
}
```
类别选择器

```
div {
  /* 选择所有div标签，添加CSS样式 */
}
```
标签选择器

```
* {
  /* 选择页面上所有的标签，添加CSS样式 */
}
```
通用选择器

图 3-18 CSS 选择器

最后一种通用选择器在本节案例中没有使用，后续的案例中会对它进行解析。

如果非要给它们选择标签的范围大小排个序的话，大概是如下这样的。

【通用选择器】>【标签选择器】>【类别选择器】>【ID 选择器】。

3.4 样式为什么会重叠　预计完成时间 23 分钟

在这一小节当中，我会通过一个网页导航的案例，让你理解样式表的层叠原理（见图 3-19）。

首页 ｜ 办公家居 ｜ 数码科技 ｜ 母婴 ｜ 团购 ｜ 秒杀活动

图 3-19　导航列表效果

这是一个非常简单的导航列表，在每个导航链接之间，增加了一条分隔线。这条分隔线是如何做出来的呢？办法有很多，先讲一种相对简单，但比较笨拙的方法，代码如下。

```
<style>
    #navigation {
        text-align: center;
    }
</style>
<body>
    <div id="navigation">
        <a href="#">首页</a>
        <span>|</span>
        <a href="#">办公家居</a>
        <span>|</span>
        <a href="#">数码科技</a>
        <span>|</span>
        <a href="#">母婴</a>
        <span>|</span>
        <a href="#">团购</a>
        <span>|</span>
        <a href="#">秒杀活动</a>
    </div>
</body>
```

这种方法笨拙的地方在于，它增加了不少冗余的标签，而且需要修改的时候也比较麻烦。

下面我们利用 CSS 来解决一下这个问题，大概可以分为 4 个步骤。

1. 加入边框

首页	办公	家居	数码科技	母婴	团购	秒杀活动

2. 加大宽度

首页	办公	家居	数码科技	母婴	团购	秒杀活动

3. 只保留右边框

首页 | 办公 | 家居 | 数码科技 | 母婴 | 团购 | 秒杀活动 |

4. 去掉最后一个右边框

首页 | 办公 | 家居 | 数码科技 | 母婴 | 团购 | 秒杀活动

现在开始动手写代码：第一步，加入边框。

```html
<style>
    #navigation {
        text-align: center;
    }
    .item {
        text-decoration: none; /* 去掉超链接下画线 */
        color: black; /* 字体颜色为黑色 */
        border: solid 1px #808080; /* solid:实线边框,1px:边框宽度,#808080:边框颜色 */
    }
</style>
<body>
    <div id="navigation">
        <a href="#" class="item">首页</a>
        <a href="#" class="item">办公家居</a>
        <a href="#" class="item">数码科技</a>
        <a href="#" class="item">母婴</a>
        <a href="#" class="item">团购</a>
        <a href="#" class="item">秒杀活动</a>
    </div>
</body>
```

第二步，加大宽度，关于 padding 样式会在后续的盒模型章节详细讲解。

```css
.item {
    text-decoration: none; /* 去掉超链接下画线 */
    color: black; /* 字体颜色为黑色 */
    border: solid 1px #808080; /* solid:实线边框,1px:边框宽度,#808080:边框颜色 */
    padding-left: 20px; /* 增加文字和左边框的距离 20px */
    padding-right: 20px; /* 增加文字和右边框的距离 20px */
}
```

第三步，只保留右边框，注意 border-right 表示右边框。

```css
.item {
    ...
    border-right: solid 1px #808080; /* solid:实线边框,1px:边框宽度,#808080:边框颜色 */
}
```

第四步，去掉最后一个右边框，这一步非常关键，实现的办法也很多，先来展示第一种写法。

```
1   <style>
2       #navigation {
3           text-align: center;
4       }
5       .item {
6           text-decoration: none; /* 去掉超链接下画线 */
7           color: black; /* 字体颜色为黑色 */
8           border-right: solid 1px #808080; /* 设置右边框 */
9           padding-left: 20px; /* 增加文字和左边框的距离20px */
10          padding-right: 20px; /* 增加文字和右边框的距离20px */
11      }
12  </style>
13  <body>
14      <div id="navigation">
15          <a href="#" class="item">首页</a>
16          <a href="#" class="item">办公家居</a>
17          <a href="#" class="item">数码科技</a>
18          <a href="#" class="item">母婴</a>
19          <a href="#" class="item">团购</a>
20          <a href="#" class="item" style="border-right: none;">秒杀活动</a>
21      </div>
22  </body>
```

案例 021　http://ay8yt.gitee.io/htmlcss/021/index.html，你可以打开网址在线编写并查看结果。

　　现在，产生了一个有趣的现象，在第 8 行，**内部样式**设置了超链接的边框，在第 20
行，通过**行内样式**又去掉了超链接的右边框。样式产生了冲突（叠加）现象，又由于行内样
式优先级最高，最终超链接的右边框将会被去掉。当然，我从来都**不推荐**在标签行内写样式。
所以接下来展示第二种写法。

```
<style>
    #navigation {
        text-align: center;
    }
    .item {
        ...
        border-right: solid 1px #808080;    /* solid:实线边框,1px:边框宽度,#808080:边框颜色 */
    }
    .last {
        border-right: none; /* 去掉右边框 */
    }
</style>
<body>
    <div id="navigation">
        ...
        <!-- 这个超链接有两个类名,表示它同时属于这两个类别 -->
        <a href="#" class="item last">秒杀活动</a>
    </div>
</body>
```

案例 022 http://ay8yt.gitee.io/htmlcss/022/index.html，你可以打开网址在线编写并查看结果。

在第二种写法中，超链接拥有了两个类名，item 样式和 last 样式同时作用于最后一个超链接，从逻辑上讲，应该以最后一次出现的为准。最终，超链接的右边框被去掉了。不过这仍然不是最完美的写法。因为这对于 CSS 样式提出了**编写顺序**的要求，如果不小心把.last 写错了顺序，样式就无法生效了。

```
<style>
   .last {
      border-right: none;   /* 由于该样式出现的过早,则会被后面的样式覆盖 */
   }
   .item {
      ...
      border-right: solid 1px #808080;   /* solid:实线边框,1px:边框宽度,#808080:边框颜色 */
   }
</style>
```

在实际的开发中，由于随着网页标签数量和样式编写的增多，会不可避免地出现大量的样式叠加的现象。CSS 也因此而得名（层叠样式表）。这时，面对大量叠加的样式，就必须学会通过优先级的方式来处理 CSS。这个时候，就需要学习一个叫作选择器权重值的概念。但鉴于目前你仍是新手，因此暂时先不讨论权重值（关于权重值可在知识补给站的"什么是权重值"中**查看详细解释**）的问题，我接下来会教你一个足够简单的方法，从而能够轻松地理解并处理 CSS 优先级的问题，这个方法其实就是一句话。

『 在 CSS 选择器中，选取的页面元素范围越小、越精准，则选择器的优先级越高。』

现在，我们要想办法提高 `.last` 选择器的优先级，于是便有了第三种写法。

```
<style>
   #navigation {
      text-align: center;
   }
   #navigation .last {   /* 层级选择器 */
      border-right: none;
   }
   .item {
      ...
      border-right: solid 1px #808080;
   }
</style>
```

案例 023 http://ay8yt.gitee.io/htmlcss/023/index.html，你可以打开网址在线编写并查看结果。

我要解释一下 `#navigation .last` 这个写法的含义，为什么要把 ID 和类名一起写？把两个选择器写在一起，中间用空格分开，这是一种新的选择器，它叫作层级选择器。这个选择器想要表达的意思是，在 ID＝navigation 元素的内部，找到 last 这个类别的元素，它们必须有层级关系（或包含关系），和之前的写法再来对比一下，新的写法是否进一步缩小了选择范围，变得更精准了呢？

✧ **.last**，选择拥有这个类别的元素。

✧ **#navigation .last**，在 id 等于 navigation 的元素内部，选择拥有.last 这个类别的元素。

你看，已经很清楚了吧，第二种写法的选择器范围更小、更精准。实际当中我们就是用这种方法来提高选择器的优先级，精确地给指定范围的标签元素们添加样式，这样一来也能最大限度地避免出现样式的叠加问题。我曾经在 案例 020 的源代码（以批注形式）中留下了一道小小的思考题（关于选择器的功能），不知你现在是否有答案了呢？

在以后的学习中，你肯定还会遇到更加复杂的选择器。

比如，#pro div .main。

或者，#pro .nav li。

这两个 CSS 的选择器，又该怎么比较优先级呢？欲知答案如何？我们下一小节见分晓。

3.5　优先级可以精确的计算吗　预计完成时间 28 分钟

3.5.1　选择器的权重值

先来看一个例子。

```
<style>
    #p1 { color: blue; /* 蓝色 */ }
    * {color: orange; /* 橘黄色 */ }
    .pp { color: green; /* 绿色 */ }
    p { color: red; /* 红色 */ }
</style>
<body>
    <p id="p1" class="pp">猜猜我是什么颜色</p>
</body>
```

案例 024　http://ay8yt.gitee.io/htmlcss/024/index.html，你可以打开网址在线编写并查看结果。

我们使用了 4 种选择器编写样式，它们都同时设定了 p 标签的文字颜色，这产生了样式的层叠，所以 p 标签的文字颜色到底应该是什么？在上一节我们说到，选择器选取元素范围越小则越精准，优先级也越高，排序结果见表 3-1。

表 3-1　优先级排序

选　择　器	说　　　明
*	通用选择器的范围是最大的，它代表了所有元素，优先级最低
p	标签选择器范围其次，它代表了所有 p 标签
.pp	类选择器范围进一步缩小，它代表了这个类别的标签

（续）

选　择　器	说　　明
#p1	ID 选择器范围最小，它只代表某一个元素，优先级更高
行内样式	其优先级虽然最高，但由于我们不推荐这种写法，这里不再提及

最终可以得出正确结论，ID 选择器优先级最大，当前 p 标签的文字颜色为蓝色。

关于优先级的基本顺序如图 3-20 所示，希望你能记住。

图 3-20　选择器优先级排序

然后我们再来看一个更复杂一点的例子。

```
1   <style>
2       a { color: yellow; }
3       div a { color: green; }
4       .demo a { color: black; }
5       #demo a { color: orange; }
6       div#demo a { color: red; }
7   </style>
8   <body>
9       <a>应该是黄色</a>
10      <div class="demo">
11          <a>应该是黑色</a>
12      </div>
13      <div id="demo">
14          <a>应该是红色</a>
15      </div>
16  </body>
```

在第 2~6 行的选择器中，出现了大量的样式冲突或叠加。这是一种相当复杂的情况，我们该如何去判断超链接的实际颜色呢？首先你必须搞清楚，每个超链接匹配的选择器是什么？经过一番仔细核对，大概我们有了如下的结果。

```
1   <style>
2       a { color: yellow; }
3       div a { color: green; }
4       .demo a { color: black; }
5       #demo a { color: orange; }
6       div#demo a { color: red; }
7   </style>
8   <body>
9       <a>应该是黄色</a> <!-- 匹配第 2 行选择器 -->
10      <div class="demo">
11          <a>应该是黑色</a> <!-- 匹配第 2、3、4 行选择器 -->
```

```
12      </div>
13      <div id="demo">
14          <a>应该是红色</a> <!-- 匹配第 2、3、5、6 行选择器 -->
15      </div>
16  </body>
```

我需要先解释下第 6 行代码选择器的含义。你应该注意到 **div#demo** 这两个选择器中间并没有空格，这说明它们之间没有层级关系，而是并列关系，即是说，两个选择器要同时匹配这个元素。翻译成大白话就是，匹配 ID=demo 的 div 元素。

要计算不同选择器的优先级大小，我们只需要给它们设定一个权重值即可。权重值大小见表 3-2。

表 3-2　选择器的权重值大小

	行内样式	ID 选择器	类别选择器	标签选择器	通用选择器
权重值	1000	100	10	1	0

多个选择器的权重值应该相加，谁的权重值最高，谁就生效，最后得到如下结果。

```
1   <style>
2       a { color: yellow; } /* 1 */
3       div a { color: green; } /* 1 + 1 */
4       .demo a { color: black; } /* 10 + 1 */
5       #demo a { color: orange; } /* 100 + 1 */
6       div#demo a { color: red; } /* 1 + 100 + 1 */
7   </style>
8   <body>
9       <a>应该是黄色</a> <!-- 匹配第 2 行选择器 -->
10      <div class="demo">
11          <a>应该是黑色</a> <!-- 匹配第 2、3、4 行选择器 -->
12      </div>
13      <div id="demo">
14          <a>应该是红色</a> <!-- 匹配第 2、3、5、6 行选择器 -->
15      </div>
16  </body>
```

案例 025　http://ay8yt.gitee.io/htmlcss/025/index.html，你可以打开网址在线编写并查看结果。

最终的呈现效果，三个超链接的颜色分别是：黄色、黑色、红色。

最后，让我们简单地总结下这一小节的知识点（见图 3-21）。

图 3-21　知识点总结

案例 025 只是为了说明权重值的计算方式，实际在网页的编写过程中，我们通常不会出现如此剧烈的样式冲突（除非故意这么写），因此不必有过多担心。

3.5.2 头条新闻列表

先看本例效果（见图 3-22）。

赛博朋克时代了，怎么还有人在网上发传单呢

为什么电影里拆弹总要选红蓝线？

Linux 基金会成立 TLA+ 语言基金会

前 Deepin CTO 王勇 "锐评" 编程语言

Manjaro 最新稳定版 22.1 发布，代号 "Talos"

特斯拉起诉特朗普政府，要求停止对华关税

图 3-22　案例效果

首先要确定应该使用什么标签，由于这是一个列表，那么使用 ul 、 li 标签最合适。注意列表的下边框，不是实线，而是虚线，这里采用了 dashed 边框类型。

最后需要注意的就是列表项前面的符号消失了，这里采用 list-style: none; 消除了列表样式。

```
<style>
    #news {
        width: 350px;
        list-style: none; /* 消除 ul 的列表符号 */
    }
    #news li {
        height: 40px;
        line-height: 40px;
        border-bottom: dashed 1px grey; /* border-bottom 表示底边框,dashed 表示虚线 */
    }
    #news li a {
        color: gray;
        text-decoration: none;
    }
    #news li.last {
        border: none;
    }
</style>
<body>
    <ul id="news">
        <li> <a href="#">赛博朋克时代了,怎么还有人在网上发传单呢</a> </li>
        <li> <a href="#">为什么电影里拆弹总要选红蓝线？</a> </li>
```

```
    <li> <a href="#">Linux 基金会成立 TLA+ 语言基金会</a> </li>
    <li> <a href="#">前 Deepin CTO 王勇"锐评"编程语言</a> </li>
    <li> <a href="#">Manjaro 最新稳定版 22.1 发布,代号 "Talos"</a> </li>
    <li class="last"> <a href="#">特斯拉起诉特朗普政府,要求停止对华关税</a> </li>
  </ul>
</body>
```

案例 026　http://ay8yt.gitee.io/htmlcss/026/index.html，你可以打开网址在线编写并查看结果。

关于边框类型

我们使用 border: dashed 1px gray; 给元素添加边框。边框的类型一共有 8 种（见图 3-23），但考虑到大部分并不常用，我们的案例中也没涉及，这里列出全部类型，你可以自行尝试。

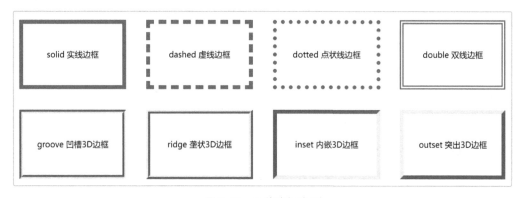

图 3-23　8 种边框类型

知识补给站

知识补给站主要针对一些可能会阻碍你学习的计算机常识进行科普，如果你已经对它们比较了解，完全可以跳过它们。本章涉及的话题包含：

颜色为什么用十六进制表示?　什么是 ID?　代码注释的重要性　什么是权重值?

补给 1：颜色为什么用十六进制表示

首先，基于上一章的学习，你应该已经知道计算机颜色的基本组成，也就是 RGB 三原色。比如，有这样一个颜色，RGB 值等于（63，155，250），这种记录方法有时候会让我们感觉到不方便。于是，我们就想有没有更简单的方式呢，比如使用十六进制？

其次，你要知道十进制是什么? 就是逢十进一，所以我们会用到十个基本数字表示大小，它们分别是：

`0` `1` `2` `3` `4` `5` `6` `7` `8` `9`

注意基本数字里并不会包含 10，因为 10 是由 `1` 和 `0` 两个基本数字组成。当你看到 26，你很熟悉这是什么意思，首先，你有 2 个十进制位，即 2×10，再加上 6，就是 20+6＝26。

那么同理，十六进制就找十六个数字来表示大小就行了，它们分别是：

`0` `1` `2` `3` `4` `5` `6` `7` `8` `9` `A` `B` `C` `D` `E` `F`

其中 A 代表了十，F 代表了十五（字母不区分大小写）那么十六进制 26 等于多少十进制呢？

首先，你有个 2 个十六进制位，即 2×16，再加上 6，就是 32+6＝38。

如果你第一次接触十六进制，一定会觉得这好麻烦啊，难道每次都要这么计算吗？别着急，我现在就给你展示它的好处。

还记得我们说的颜色值大小吗？它的范围是 `0~255`，你知道用十六进制表示 255 该怎么写吗？

我直接告诉你答案吧。是 `FF`，如果不相信可以验算一遍，F 个十六进制位，即 F×16，即 15×16，再加上 15，就是 240+15＝255。

现在，我们把三原色加在一起，都取最大值就是 `FF` `FF` `FF`，这就是白色。

如果 RGB 都取最小值，那就是 `00` `00` `00`，这就是黑色。

如果现在我想找介于白色和黑色之间的灰色怎么办？很简单，我们把 RGB 的值都取一个中间大小，那就是 `88` `88` `88`，这就是灰色。

你看，这样表示颜色，有没有感觉方便了许多呢？

或许你心理上还不能接受，甚至想问，凭什么范围是 0~255 呢？为什么不是 0~1000 呢？我做一个简单的提示给你，0~255 总共是 256 个数字。256 又是 2 的 8 次方。这又牵扯到了计算机的二进制，篇幅关系，我们点到为止，就不展开讲了，对于目前的学习来说已经够用了。

哦！差点忘了告诉你，按照 CSS 的规范要求，写颜色时要带上 # 号，就像这样：`#FD40F8`。

最后，我为你准备了一份常用的十六进制颜色对照表，或许能给你提供一些方便，见表 3-3。

表 3-3　十六进制颜色对照表

#FF0000	#FF5500	#FFAA00	#FFFF00	#FFFFAA	#AAFFAA	#00FF00
#FF3333	#FF7733	#FFBB33	#FFFF33	#FFFFBB	#BBFFBB	#33FE33
#FF4C4C	#FF884C	#FFC34C	#FFFF4C	#FFFFC3	#C3FFC3	#4CFE4C
#FF6666	#FF9966	#FFCC66	#FFFF66	#FFFFCC	#CCFFCC	#65FC66
#FF7F7F	#FFAA7F	#FFD47F	#FFFF7F	#FFFFD4	#D4FFD4	#7FFF7F

（续）

#FF9999	#FFBB99	#FFDD99	#FFFF99	#FFFFDD	#DDFFDD	#99FF99
#FFB2B2	#FFCCB2	#FFE5B2	#FFFFB2	#FFFFE5	#E5FFE5	#B2FFB2
#FFCCCC	#FFDDCC	#FFEECC	#FFFFCC	#FFFFEE	#EEFFEE	#CCFFCC
#FFE5E5	#FFEEE5	#FFF6E5	#FFFFE5	#FFFFF6	#F6FFF6	#E5FFE5
#DCC7C7	#DCCDC6	#DCD4C6	#DCDCC6	#DCDCD5	#D5DCD5	#C6DCC6
#B9A8A8	#B9ADA6	#B9B3A7	#B9B9A7	#B9B9B3	#B3B9B3	#A7B9A7
#968787	#968C87	#969187	#969688	#969691	#919691	#889688
#736868	#736B67	#736F68	#737369	#73736F	#6F736F	#697369
#504747	#504A48	#504D48	#505049	#50504D	#4D504D	#495049
#322D2D	#322E2D	#32302D	#32322D	#323230	#303230	#2D322D
#00FFAA	#00FFFF	#00AAFF	#0000FF	#6400FF	#AA00FF	#FF00FF
#33FFBB	#33FFFF	#33BBFF	#3333FF	#8333FF	#BB33FF	#FF33FF
#4CFFC3	#4CFFFF	#4CC3FF	#4C4CFF	#924CFF	#C34CFF	#FF4CFF
#66FFCC	#66FFFF	#66CCFF	#6666FF	#A266FF	#CC66FF	#FF66FF
#7FFFD4	#7FFFFF	#7FD4FF	#7F7FFF	#B17FFF	#D47FFF	#FF7FFF
#99FFDD	#99FFFF	#99DDFF	#9999FF	#C199FF	#DD99FF	#FF99FF
#B2FFE5	#B2FFFF	#B2E5FF	#B2B2FF	#D0B2FF	#E5B2FF	#FFB2FF
#CCFFEE	#CCFFFF	#CCEEFF	#CCCCFF	#E0CCFF	#EECCFF	#FFCCFF
#E5FFF6	#E5FFFF	#E5F6FF	#E5E5FF	#EFE5FF	#F6E5FF	#FFE5FF
#C6DCD4	#C6DCDC	#C6D5DC	#C6C6DC	#CEC6DC	#D4C6DC	#DCC6DC
#A7B9B3	#A7B9B9	#A7B3B9	#A7A7B9	#ADA7B9	#B3A7B9	#B9A7B9
#889691	#889696	#889196	#888896	#8D8896	#918896	#968896
#69736F	#697373	#696F73	#696973	#6C6973	#6F6973	#736973
#49504D	#495050	#494D50	#494950	#4B4950	#4D4950	#504950
#2D3230	#2D3232	#2D3032	#2D2D32	#2F2D32	#302D32	#322D32

　　颜色对照表在线地址：http://ay8yt.gitee.io/htmlcss/colors.html。

补给 2：什么是 ID

　　ID 是单词 identity 的简写。它代表身份的意思。Identity Card 表示身份证。

　　在计算机的世界里，任何信息都以数据的形式被存储起来。为了区分这些信息，通常我们给每个信息做一个唯一标记，这个标记，通常叫作 ID。就像电影里经常说的，你的社交 ID 是多少？它指的是你的社交账号，很显然，它是唯一性的，并且不可重复。所以，当你在计算机领域看到 ID 这个单词的时候，在 99% 的情况下，代表的是某种东西的唯一标识。你要问我那剩下的 1% 代表什么？我想大概率是写错了吧。

ID 对计算机有着非同寻常的意义，它是数据的索引，没有索引，计算机查找任何数据都将变得困难无比。例如：你要查找张三在哪里上的小学，这是很难的，即便你提供了张三的姓名、年龄、性别、身高、体重等一系列信息，依然可能只是得到很多符合条件的"假张三"。但是，如果你要查找身份证号是 xxxxxxxxxx 的人，在哪里上的小学，这就很容易了。

回到我们的 HTML 页面中，你不可以写出两个 ID 完全一样的标签元素，尽管程序本身不会出错，但是这违背了 ID 本身的唯一性，因此在逻辑上是不允许的。

补给 3：代码注释的重要性

目前为止，你已经学习了两种注释。

一种是关于 HTML 的注释 `<!-- xxx -->`，另一种是关于 CSS 的注释 `/* xxx */`。

无论你是零基础的新手，还是有开发经验的人员，我都强烈建议多写注释。这是一个非常良好的编程习惯。你知道在程序员的职业生涯中，阅读代码和编写代码的时间比例是多少吗？

在 *Code Complete* 等书中提到，在程序员的职业生涯里，代码阅读和编写的时间比例在 10：1 左右。这意味着你每写 1 个小时的代码，就要花费大约 10 小时来阅读和理解现有代码。虽然这个比例可能因人而异，但这也说明了一个很明显的事实：想要写出容易看懂的代码，是一件非常不容易的事情。著名的软件设计师马丁福勒曾经说过如下一句名言。

> "哪怕普通人都能写出计算机可以理解的代码，但好的程序员应该能
> 编写出人类可以理解的代码。"

归根结底一句话：没事儿多给你的程序写注释。越多越好！越详细越好！

补给 4：什么是权重值

权重值（Weight）通常用于描述某个事物的相对重要程度或影响力大小。在计算机科学领域中，权重值经常被用来衡量不同因素对某个结果的贡献度。

举个生活中的例子吧，现在你要谈婚论嫁，想从众多的相亲对象中，选择最合适的那一位。但影响你做决定的因素很多，于是你可以给不同的因素，按照重要程度来设定不同的权重值，见表 3-4。

表 3-4　权重值配比

	颜值	身材	身高	兴趣相投	有房有车	富二代	程序员	正直善良	博学有才华
权重值	100	30	10	50	50	200	80	50	100

假设有相亲对象张三，颜值、身材、身高都 100% 满意，兴趣匹配度 50%，正直善良满意度 100%。相亲对象李四，颜值、身材、身高满意度 80%，兴趣匹配度 10%，程序员，才

华 50%，正直善良。

张三的综合打分为 100 + 30 + 10 + 50×0.5 + 50 = 215 分

李四的综合打分为 100×0.8 + 30×0.8 + 10×0.8 + 50×0.1 + 80 + 50 = 247 分

这样一来，你是不是就很容易对他们进行优先级排序了？

等等?! 凭什么是程序员就要加 80 分？你没听过那句话吗？程序员老公是个宝，钱多事儿少做饭香。当然这句话我是不信的，你只要理解权重是什么就好啦。

 单词表

英语是不好学但又非常必要的东西，如果你在读代码的过程中感到了吃力，多半是因为单词造成的。这里没有多余单词，只收集本章节当中出现过的。如果忘记了记得随时来翻一翻。

英文单词	音标	中文解释	编程含义
style	/staɪl/	风格、样式	风格、样式
Cascading Style Sheet		层叠样式表	层叠样式表
color	/ˈkʌlə(r)/	颜色	颜色
background	/ˈbækgraʊnd/	学历、出身、背景	背景
none	/nʌn/	无、不存在	无、不存在
font	/fɒnt/	字体	字体
size	/saɪz/	大小、尺寸	大小、尺寸
banner	/ˈbænə(r)/	横幅广告	一般指网页头部的轮播大图
navigation	/ˌnævɪˈgeɪʃ(ə)n/	导航	导航
bottom	/ˈbɒtəm/	底部	底部
decoration	/ˌdekəˈreɪʃ(ə)n/	装饰	装饰
class	/klɑːs/	班级、类别	类别
solid	/ˈsɒlɪd/	固态的、实心的	实线（边框）
left	/left/	左边的；剩余的	左边的
right	/raɪt/	右边的；正确的	右边的
last	/lɑːst/	最后的、最近的、上一个的	最后的
id		identity 的简写，表示身份	表示身份，具有唯一性

第 4 章　图文的基本处理与混排

4.1 文本样式的处理 `预计完成时间 12 分钟`

4.1.1 字体基础样式

文字在浏览器中的默认大小是 16px（高度）。默认行高是 21px，默认颜色是 #000000。这些基本样式足够满足日常效果了。以下是关于字体的常见 CSS 样式。

`文字大小：font-size`

font-size 属性可以设置字体的尺寸，也可以设置像素大小，还可以设置百分比。

注意它的大小代表的是字体高度，而不是宽度。

`CSS 代码写法如下。`

```
h1 { font-size: 20px; } /* 字体大小为 20 像素 * /
p { font-size: 150%; } /* 字体大小为当前的 150% * /
```

实际效果如图 4-1 所示（此处仅作为效果对比展示，可忽略实际比例问题，以下均同）。

font–size:20px; 字体大小为 20px

font–size:150%; 字体大小为当前的 150%

图 4-1　字体大小

`文字颜色：color`

color 属性可设置字体的颜色，颜色可以使用单词或 RGB 十六进制表示。

`CSS 代码写法如下。`

```
h1 { color: pink; } /* 字体颜色为粉色 * /
p { color: #000000; } /* 字体颜色为黑色 * /
```

`实际效果如图 4-2 所示。`

color: pink; 字体颜色为粉色

color: #000000; 字体颜色为黑色

图 4-2　字体颜色

文字加粗：font-weight

font-weight 可以设置字体的加粗。

CSS 代码写法如下。

```
h1 { font-weight: bold; } /* bold 表示字体加粗 */
p { font-weight: normal; } /* 默认值 nomarl,表示正常 */
```

实际效果如图 4-3 所示。

> **font-weight: bold; 字体加粗**
>
> font-weight: normal; 默认值 normal,表示正常

图 4-3 字体加粗

文字倾斜：font-style

font-style 可以设置斜体字。

CSS 代码写法如下。

```
h1 { font-style: italic; } /* italic 表示斜体字 */
p { font-style: normal; } /* 默认值 nomarl,表示正常 */
```

实际效果如图 4-4 所示。

> *font-style: italic; 斜体字*
>
> font-style: normal; **默认值 normal,表示正常**

图 4-4 斜体字

字体种类：font-family

font-family 属性可设置字体种类,可以写多个名称并用逗号隔开。
如果当前的操作系统中没有该字体,则会尝试下一个。

CSS 代码写法如下。

```
h1 { font-family: 'Times New Roman'; } /* 指定一个字体 */
p { font-family: 'Arial','Helvetica','sans-serif'; } /* 指定一个字体,多个备选字体 */
```

实际效果如图 4-5 所示。

> font-family: Times New Roman;
>
> **font-family: Arial,Helvetica,sans-serif;**

图 4-5 字体种类

文本修饰：text-decoration

text-decoration 属性可设置给文字添加下画线、上画线、删除线，并设置线段风格及颜色等。

CSS 代码写法如下。

```
h1 { text-decoration: overline; } /* 上画线 * /
h2 { text-decoration: line-through; } /* 删除线 * /
h3 { text-decoration: underline; } /* 下画线 * /
h4 { text-decoration: underline red; } /* 下画线、红色 * /
h5 { text-decoration: underline wavy red; } /* 下画线、波浪风格、红色 * /
h6 { text-decoration: underline double blue; } /* 下画线、双线风格、蓝色 * /
```

实际效果如图 4-6 所示。

text-decoration: overline;
text-decoration: line-through;
text-decoration: underline;
text-decoration: underline red;
text-decoration: underline wavy red;
text-decoration: underline double blue;

图 4-6　文本修饰

案例 027　http://ay8yt.gitee.io/htmlcss/027/index.html，你可以打开网址在线编写并查看结果

4.1.2　字体排列方式

行高：line-height

line-height 属性可以设置字体的行高，也可以设置像素大小，还可以使用百分比。行高的含义，我们在前面章节有讲过，这里不再重复。

CSS 代码写法如下。

```
h1 { line-height: 30px; } /* 行高为 30px * /
p { line-height: 250%; } /* 行高为字体大小的 250% * /
```

实际效果如图 4-7 所示。

行高为 30px

行高为当前字体大小的 250%

图 4-7　设置行高

排列方式：text-align

text-align 属性可设置文本的对齐方式，它一共有 left、right、center、justify 四种取值。

CSS 代码写法如下。

```
p1 { text-align: left; } /* 靠左对齐 * /
p2 { text-align: right; } /* 靠右对齐 * /
p3 { text-align: center; } /* 居中对齐 * /
p4 { text-align: justify; } /* 两端对齐 * /
```

实际效果如图 4-8~图 4-11 所示（图中文字仅供展示，无任何引导意义，以下均同）。

当我年轻的时候，我梦想改变这个世界；当我成熟以后，我发现我不能够改变这个世界，我将目光缩短了些，决定只改变我的国家；当我进入暮年以后，我发现我不能够改变我们的国家，我的最后愿望仅仅是改变一下我的家庭，但是，这也不可能。当我现在躺在床上，行将就木时，我突然意识到：如果一开始我仅仅去改变我自己，然后，我可能改变我的家庭；在家人的帮助和鼓励下，我可能为国家做一些事情；然后，谁知道呢?我甚至可能改变这个世界。"

图 4-8　靠左对齐

当我年轻的时候，我梦想改变这个世界；当我成熟以后，我发现我不能够改变这个世界，我将目光缩短了些，决定只改变我的国家；当我进入暮年以后，我发现我不能够改变我们的国家，我的最后愿望仅仅是改变一下我的家庭，但是，这也不可能。当我现在躺在床上，行将就木时，我突然意识到：如果一开始我仅仅去改变我自己，然后，我可能改变我的家庭；在家人的帮助和鼓励下，我可能为国家做一些事情；然后，谁知道呢?我甚至可能改变这个世界。"

图 4-9　靠右对齐

当我年轻的时候，我梦想改变这个世界；当我成熟以后，我发现我不能够改变这个世界，我将目光缩短了些，决定只改变我的国家；当我进入暮年以后，我发现我不能够改变我们的国家，我的最后愿望仅仅是改变一下我的家庭，但是，这也不可能。当我现在躺在床上，行将就木时，我突然意识到：如果一开始我仅仅去改变我自己，然后，我可能改变我的家庭；在家人的帮助和鼓励下，我可能为国家做一些事情；然后，谁知道呢?我甚至可能改变这个世界。"

图 4-10　居中对齐

当我年轻的时候，我梦想改变这个世界；当我成熟以后，我发现我不能够改变这个世界，我将目光缩短了些，决定只改变我的国家；当我进入暮年以后，我发现我不能够改变我们的国家，我的最后愿望仅仅是改变一下我的家庭，但是，这也不可能。当我现在躺在床上，行将就木时，我突然意识到：如果一开始我仅仅去改变我自己，然后，我可能改变我的家庭；在家人的帮助和鼓励下，我可能为国家做一些事情；然后，谁知道呢?我甚至可能改变这个世界。"

图 4-11　两端对齐

首行缩进 : text-indent

text-indent 属性可以设置段落的首行缩进,也可以设置像素大小,还可以使用百分比。

CSS 代码写法如下。

```
p1 { text-indent: 30px; } /* 缩进 30px * /
p2 { text-indent: 10%; } /* 缩进 30% * /
p3 { text-indent: 4em; } /* 缩进 4 个字符 * /
```

实际效果如图 4-12~图 4-14 所示。

当我年轻的时候，我梦想改变这个世界；当我成熟以后，我发现我不能够改变这个世界，我将目光缩短了些，决定只改变我的国家；当我进入暮年以后，我发现我不能够改变我们的国家，我的最后愿望仅仅是改变一下我的家庭，但是，这也不可能。当我现在躺在床上，行将就木时，我突然意识到：如果一开始我仅仅去改变我自己，然后，我可能改变我的家庭；在家人的帮助和鼓励下，我可能为国家做一些事情；然后，谁知道呢？我甚至可能改变这个世界。"

缩进 30px

图 4-12　缩进 30px

当我年轻的时候，我梦想改变这个世界；当我成熟以后，我发现我不能够改变这个世界，我将目光缩短了些，决定只改变我的国家；当我进入暮年以后，我发现我不能够改变我们的国家，我的最后愿望仅仅是改变一下我的家庭，但是，这也不可能。当我现在躺在床上，行将就木时，我突然意识到：如果一开始我仅仅去改变我自己，然后，我可能改变我的家庭；在家人的帮助和鼓励下，我可能为国家做一些事情；然后，谁知道呢？我甚至可能改变这个世界。"

缩进 30%

图 4-13　缩进 30%

当我年轻的时候，我梦想改变这个世界；当我成熟以后，我发现我不能够改变这个世界，我将目光缩短了些，决定只改变我的国家；当我进入暮年以后，我发现我不能够改变我们的国家，我的最后愿望仅仅是改变一下我的家庭，但是，这也不可能。当我现在躺在床上，行将就木时，我突然意识到：如果一开始我仅仅去改变我自己，然后，我可能改变我的家庭；在家人的帮助和鼓励下，我可能为国家做一些事情；然后，谁知道呢？我甚至可能改变这个世界。"

缩进 4 个字符

图 4-14　缩进 4 个字符

案例 028　http://ay8yt.gitee.io/htmlcss/028/index.html，你可以打开网址在线编写并查看结果。

4.2　添加背景图　预计完成时间 19 分钟

4.2.1　背景图与 img 标签的区别

在之前的案例中，我们已经学会使用 background-color 属性来设置容器的背景颜色。除此之外，还可以利用 CSS 当中的 background-image 属性用图片来填充容器的背景。

就像这样：`background-image: url("imgs/dong.jpg");` 注意看在双引号中，我依然使用了相对路径，这一点和 img 标签的 src 属性并无差别，最终效果如图 4-15 所示。

与 `img` 标签不同的是，给容器设置背景图，并不需要额外的标签，而是通过 CSS 来设定。并且当你在页面上用鼠标右键单击这张图片时，弹出的快捷菜单里并没有【图片另存为】命令，关于这一点，我在第 2 章第 4 小节有讲过。因此我们可以把容器的背景图片，理解为一种特殊的背景颜色。用这样

图 4-15　背景图

的方式来制作背景图，可以带来很多的灵活性。

4.2.2　背景图的平铺

当我们打开 **dong.jpg** 这张图片，你会看到这样的效果（见图 4-16）。

你发现图片里原来只有一只小猫，可为什么当我们把 **dong.jpg** 图片作为容器的背景时，它会出现大量的重复？这其实是背景图的一个特点，叫作平铺效果。如果你使用 **img** 标签在容器内添加图片则不会平铺，效果如图 4-17 所示。不过，在后文中你会看到，展示图片时使用背景图会比 img 标签更加灵活。

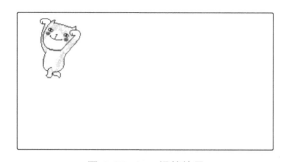

图 4-16　dong.jpg　　　　　　　　图 4-17　img 标签效果

CSS 背景图在默认情况下会使用平铺效果，即在容器内无限循环重复。超出容器的部分是不可见的。如果你不希望背景图进行平铺排列，可以使用 **background-repeat** 属性关闭平铺效果。

```
<style type="text/css">
    #box {
        width: 600px;
        height: 300px;
        border: solid 1px #555;
        background-image: url("imgs/dong.jpg");
        background-repeat: no-repeat; /* no-repeat 表示不平铺 * /
    }
</style>
<body>
    <div id="box"></div>
</body>
```

案例 029　http://ay8yt.gitee.io/htmlcss/029/index.html，你可以打开网址在线编写并查看结果。

4.2.3　背景图的定位

使用 **background-position** 属性，可以轻松地调整背景图在容器中的位置，如图 4-18 所示。

图 4-18　背景图的定位

◆ 代码如下。◆

```
<style>
    div {
        width: 600px;
        height: 300px;
        border: solid 1px #555;
        background-image: url("imgs/dong.jpg");
        background-repeat: no-repeat;
    }
    #box1 {
        background-position: left top; /* 背景图位置,left 表示水平靠左,top 表示垂直靠上 */
    }
    #box2 {
        background-position: center center; /* 背景图位置,水平居中,垂直居中 */
    }
    #box3 {
        background-position: right bottom; /* 背景图位置,right 水平靠右,bottom 垂直靠下 */
    }
</style>
<body>
    <div id="box1"></div>
    <div id="box2"></div>
    <div id="box3"></div>
</body>
```

案例 030　http://ay8yt.gitee.io/htmlcss/030/index.html，你可以打开网址在线编写并查看结果。

如果你认为 `left/right`、`center`、`top/bottom` 对于背景图的位置控制不够精细的话，还可以直接写像素或者百分比，注意位移的原点在容器的左上角，代码如下。

```
<style>
    ...
    #box1 {
        background-position: 40px 50%; /* 背景图位置,水平向右移动 40px,垂直向下移动 50% */
    }
</style>
```

如果你对浏览器的坐标体系不熟悉的话，可以去知识补给站的"补给 1：浏览器中的坐标系"中快速了解一下。

4.2.4　平铺的巧妙利用

有时候我们会可以利用图片的平铺特性，制造一些难以实现的背景图效果，比如图 4-19 有大中小三个容器，想要实现相同的纹理背景，使用 img 标签似乎很难做到这一点，因为 img 图片不能随着容器的任意改变大小，这可能会导致图片变形。

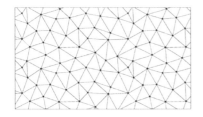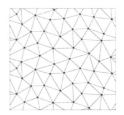

图 4-19　纹理背景

实际上，我们只需要从图片中裁切出首尾相接的部分，然后利用背景图平铺即可（见图 4-20）。

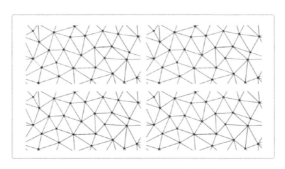

图 4-20　首尾无缝衔接的图片

最后，使用平铺效果，无论容器大小如何，背景图都能够完美的适应（见图 4-21）。

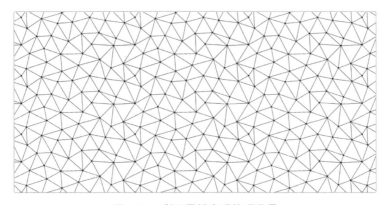

图 4-21　利用平铺实现纹理背景

案例 031　http://ay8yt.gitee.io/htmlcss/031/index.html，你可以打开网址在线编写并查看结果。
简单总结一下，关于背景图我们目前学习的 CSS 属性见表 4-1。

表 4-1　背景图相关 CSS 属性

CSS 属性名	CSS 属性值	含义及效果
background-image	url("图片路径")	添加指定图片为容器的背景图
background-repeat	no-repeat	关闭背景图平铺
	repeat（默认值）	背景图平铺
	repeat-x	背景图仅在水平方向平铺
	repeat-y	背景图仅在垂直方向平铺
background-position	水平方向位置/垂直方向位置	可指定像素、百分比、左右上下等

4.3　浮动布局　预计完成时间 41 分钟

4.3.1　文字环绕

在 CSS 中有一种样式可以对元素进行浮动操作。在日常的网页布局中，我们会经常用到浮动样式，因此要先来了解一下浮动的效果是什么样的，先看一个典型的例子，代码如下。

```
<style>
    .green {
        width: 100px;
        height: 100px;
        background-color: #00b600;
        float: left;
    }
    .red {
        width: 200px;
        height: 150px;
        background-color: #ff6565;
    }
</style>
<body>
    <div class="green"></div>
    <div class="red"></div>
</body>
```

案例 032 http://ay8yt.gitee.io/htmlcss/032/index.html，你可以打开网址在线编写并查看结果。

这个案例的效果非常直观，注意两个容器的排列顺序，由于 div 容器有独占一行的特性，因此它们会垂直排列。当你给绿色的 div 容器添加浮动样式：float: left;，将会看到一个神奇的现象，元素会发生重叠（见图 4-22）。

绿色 div 和红色 div 发生了重叠，浮动元素覆盖了红色的元素，这是为什么呢？要理解这一点就要先说清楚什么叫浮动？从字面的意思上来理解，其实就是把一个元素漂浮起来，使它脱离网页布局，腾出来的空间则会被后面的元素所占据。最终呈现的效果就是后面的元素会被浮动元素所覆盖，如图 4-23 所示。

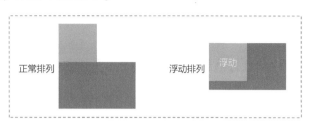

图 4-22　浮动效果

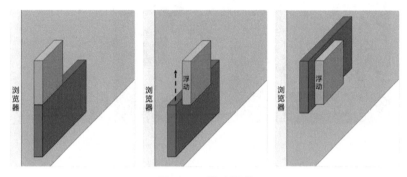

图 4-23　浮动原理

接下来，我们在红色 div 中写满文字，你将会发现一个更神奇的现象：文字环绕（见图 4-24）出现了。

现在，我们能总结一点关于浮动的规律，那就是浮动元素会脱离文档布局，这使得它会覆盖后面的非浮动元素，但是无法覆盖文字内容，因此我们可以利用这个特点制作**文字环绕效果**。浮动有 `float:left` 和 `float:right` 两种模式，分别叫作左浮动和右浮动，如图 4-25 所示。

图 4-24　文字环绕效果　　　　　　图 4-25　左浮动与右浮动

现在请你利用目前所学的知识，自行完成下面这个案例（见图 4-26）。

图 4-26　案例效果

案例 033 http://ay8yt.gitee.io/htmlcss/033/index.html ，你可以打开网址在线编写并查看结果。

4.3.2 水平排列

观察以下页面（见图 4-27），请利用所学知识思考并分析它的布局，将其进行基本的区域划分。

图 4-27 京东页面部分截图

根据不同的内容，我们大致可以把它划分成 A、B、C 共 3 个区域，如图 4-28 所示。

图 4-28 页面区域划分

完成这 3 个色块的编写，对你来说可能并不难。

```
<style>
    div {   height: 100px;   }
    div.a {   background-color: #DD6F91;   }
    div.b {   background-color: #48C480;   }
    div.c {   background-color: #4D9BD3;   }
</style>
<body>
    <div class="a"></div>
    <div class="b"></div>
    <div class="c"></div>
</body>
```

运行以上代码会得到如下的效果（见图 4-29），但这显然不是你想要的。

图 4-29　运行效果

　　之所以会有这样的结果，是因为 div 容器有着天生独占一行的特点。每个容器都要独占一行，自然就只能垂直排列了，想让它们水平排列的话，你只需要将它们全部设置为浮动即可。

```
<style>
    div {
        height: 100px;
        float: left; /* 所有 div 设为左浮动 * /
    }
    div.a {
        width: 15% ;
        background-color: #DD6F91;
    }
    div.b {
        width: 70% ;
        background-color: #48C480;
    }
    div.c {
        width: 15% ;
        background-color: #4D9BD3;
    }
</style>
<body>
    <div class = "a"></div>
    <div class = "b"></div>
    <div class = "c"></div>
</body>
```

案例 034　http://ay8yt.gitee.io/htmlcss/034/index.html，你可以打开网址在线编写并查看结果。

　　我知道，你现在肯定想问，为什么浮动元素之间就可以水平排列呢？关于这个问题嘛，目前我还很难回答你，实际上它也没有什么特别的理由，因为 CSS 的规则就是这么设计的。至于 W3C 当初为什么会设计这样的规则，这恐怕很难考证了，所以我们记住它就可以了。

4.3.3 高度塌陷

现在让我们继续深入这个案例，假设要在容器 A、B、C 的基础上，再添加一个容器 D，代码如下。

```
<style>
    .a, .b, .c {
        height: 200px;
        float: left;
    }
    div.a {
        width: 15% ;
        background-color: #DD6F91;
    }
    div.b {
        width: 70% ;
        background-color: #48C480;
    }
    div.c {
        width: 15% ;
        background-color: #4D9BD3;
    }
    div.d {
        height: 350px;
        background-color: #A5B2C4;
    }
</style>
<body>
    <div class = "a"></div>
    <div class = "b"></div>
    <div class = "c"></div>
    <div class = "d"></div>
</body>
```

你猜结果会怎么样呢？按照一般影视剧的剧情需要，如果不出意外的话，此时应该是要出意外了，结果如图 4-30 所示。

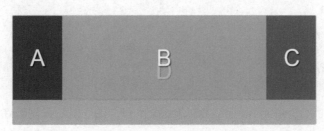

图 4-30　运行结果

A、B、C 都是浮动元素，而 D 不是浮动元素。如果 D 元素不希望被覆盖的话，一个简单的办法就是，给 A、B、C 套上一个父元素，并且给父元素设定好高度，代码如下。

```
<style>
    div.wrapper {
        height: 200px;
    }
    ...
</style>
<body>
    <div class="wrapper">
        <div class="a"></div>
        <div class="b"></div>
        <div class="c"></div>
    </div>
    <div class="d"></div>
</body>
```

案例 035 http://ay8yt.gitee.io/htmlcss/035/index.html，你可以打开网址在线编写并查看结果。

切记，这里一定要给父元素设定高度，否则问题就无法解决。要了解为什么，这还要从容器的特点说起。如果我们把容器的概念宽泛化，实际上，不止 div，比如 h1、p、li 等标签都属于容器。由于 div 容器默认是没有任何样式的，对于页面布局来说它更加灵活方便，自然出场率就会高一些。

那么请你仔细回忆，在之前的案例练习中，我们是否有给 p 标签这样的容器设定过高度？答案是从来没有，因为根本不需要。**容器的高度默认会被内容撑开**，而在当前的案例中，元素 A、B、C 由于浮动的关系，它们脱离了网页文档，不占据空间，也就无法撑开父元素。这会导致父元素的高度为 0，用专业的话说叫**高度塌陷**，所以我们才要给父元素设定高度。

现在，你可能感觉到了，CSS 的浮动效果利弊参半。不过不用担心，后面我们还会学习更先进的弹性布局。尽管弹性布局没有浮动的缺点，但考虑到弹性布局的灵活度更高、难度更大，并且不易于掌握，我们还是先从传统方式讲起。

4.3.4　清除浮动影响

为了避免浮动元素给父元素带来的高度塌陷问题，我们必须要想办法清除浮动的影响。在上一小节我讲到了给父元素设置高度，这是一种最基础的解决办法，但很可惜这个办法在实战当中用的不多。因为实战当中的网页，很多内容都是动态生成的，父元素的高度是无法提前确定的，所以接下来我会讲两种常见的方法来清除浮动的影响。

第一种 clear：both；

在案例 035 中，如果元素 D 不想受到前面浮动元素影响，只需要给自己添加 clear 样式即可。clear 样式一共有 3 个值：clear:left; 表示不受左浮动元素影响。clear:right; 表示不受右浮动元素影响。clear: both; 表示不受左右浮动元素影响，于是我们可以改造代码如下。

```
<style>
    .a, .b, .c {
        height: 200px;
        float: left;
```

```
    }
    ...
    div.d {
        height: 350px;
        background-color: #A5B2C4;
        clear: both; /* 清除浮动影响 * /
    }
</style>
<body>
    <!-- 父元素已经不需要了 -->
    <div class="a"></div>
    <div class="b"></div>
    <div class="c"></div>
    <div class="d"></div>
</body>
```

案例 036 http://ay8yt.gitee.io/htmlcss/036/index.html，你可以打开网址在线编写并查看结果。

第二种 overflow：auto；

这个方法可以解决父元素高度塌陷问题。当你给父元素添加 **overflow:auto**；样式后,父元素高度就恢复正常了。

```
<style>
    div.wrapper {
        overflow: auto;
    }
    ...
</style>
<body>
    <div class="wrapper">
        <div class="a"></div>
        <div class="b"></div>
        <div class="c"></div>
    </div>
    <div class="d"></div>
</body>
```

案例 037 http://ay8yt.gitee.io/htmlcss/037/index.html，你可以打开网址在线编写并查看结果。

简单解释一下这个 **overflow** 是怎么回事，该单词本身有溢出、超出边界的意思。要知道，在父元素高度塌陷的状态下，子元素确实是超出边界的，所以解决问题的思路很简单，就是让子元素不要超出边界（见图 4-31）。

图 4-31　解决父元素高度塌陷

现在我们终于解决了浮动的影响，可以放心大胆地做练习了。

4.4　完成一个聊天对话框　预计完成时间 15 分钟

根据下面的效果（见图 4-32），以及给出的 HTML 结构（见图 4-33），将 CSS 补充完整。

图 4-32　实际效果　　　　　图 4-33　HTML 结构

首先，你应该想到使用左浮动和右浮动使得 li 元素向左右靠拢，又因为浮动元素默认会水平排列在一行，我们需要给 li 元素添加 clear:both;，让其不受前面浮动影响，最终代码如下。

```
<style>
    .content {
        list-style: none; /* 将无序列表的列表符号去掉 */
        padding: 0; /* 这行样式必须写,后面的章节会介绍 */
        margin: auto; /* 这个样式可以让对话框水平居中,不信可以试试删掉 */
        width: 260px;
        height: 380px;
        border: 1px dotted black;
    }
    .content li {
        clear: both; /* 清除浮动影响 */
    }
    .left {
        float: left;
        background: #d3d3d3;
    }
    .right {
        float: right;
        background: #9acd32;
    }
</style>
<body>
```

```
    <ul class="content">
        <li class="msg left">你好？</li>
        <li class="msg right">你好</li>
        <li class="msg left">祝你幸福</li>
        <li class="msg right">??</li>
        <li class="msg left">再见</li>
        <li class="msg right">什么？</li>
    </ul>
</body>
```

案例 038 http://ay8yt.gitee.io/htmlcss/038/index.html，你可以打开网址在线编写并查看结果。

在案例 038 当中，你应该再次发现了浮动的又一个秘密。你知道 li 标签的默认宽度是多少吗？作为一个容器，它和 div 一样，默认宽度是 100%的。如果要验证这一点的话，可以回去看一下**案例 003**，打开控制面板（知识补给站）后仔细观察 li 标签的大小。这些容器的默认宽度都是 100%，但当把一个元素设置为浮动时，会发现容器的宽度就不再是 100%了，而是变成了跟内容保持一致，换句话说，它的默认宽度变成了 0，完全是靠内容撑起来的。

关于浮动的特性其实还有很多，但你先别着急沮丧，我要告诉你的好消息是，大多数的特性我们不必深究那么清楚，因为你有可能一辈子也碰不到那么复杂的情况，只要记住以下两点即可。

> 第一，我们使用浮动的主要目的，就是让原本独占一行的容器可以水平横向排列。
>
> 第二，使用浮动时，知道如何解决父元素的高度塌陷问题。

掌握以上两点，对于浮动来说，已经足够了。

4.5 浮动的进阶 预计完成时间 11 分钟

> 这一小节的内容不影响后面的学习和网页编写，时间紧张的话完全可以跳过。不过你掌握了这些进阶内容，或许能做出一些不常见但更有趣的效果。

4.5.1 浮动元素的排列原则

如图 4-34 所示，元素 1、2、3、4 均为浮动元素，由于元素 4 放不下，就会产生折行，请问元素 4 最终会出现在哪里？

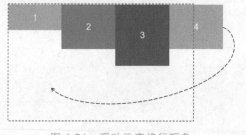

图 4-34 浮动元素换行现象

案例 039　http://ay8yt.gitee.io/htmlcss/039/index.html，你可以打开网址在线编写并查看结果。

看到运行效果后你可能会有些惊讶，接下来我会解释原因。首先你必须明白浮动元素的排列原则：那就是浮动元素在排列时，只参考前一个元素的位置即可。当你在考虑元素 4 出现在哪里的时候，只观察元素 3 的位置即可，因此我们就有了答案（见图 4-35）。

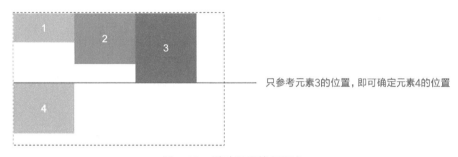

图 4-35　浮动元素换行现象

如果我们把元素 1、2、3 的顺序颠倒过来。结果如图 4-36 所示，元素 4 只需要参考元素 1 的位置即可。

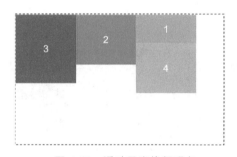

图 4-36　浮动元素换行现象

由于浮动元素换行时这种复杂的特性，我们在实战中通常会把所有浮动元素的高度设置成一样的，以此来避免换行时的问题。

4.5.2　右浮动的顺序问题

当多个元素进行右浮动时，元素的顺序被颠倒，第一个浮动元素会出现在最右侧，也就是说排列顺序和编写顺序相反，如图 4-37 所示。

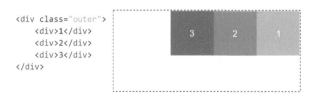

图 4-37　右浮动的排列顺序与编写顺序相反

案例 040　http://ay8yt.gitee.io/htmlcss/040/index.html，你可以打开网址在线编写并查看结果。

4.5.3 浮动元素的重叠问题

浮动元素的重叠问题总结如下。

第一，浮动元素之间不会覆盖。

第二，浮动元素不会覆盖文字内容。

第三，浮动元素不会覆盖图片内容（因为图片本身也属于文本，可以把图片看作是一个特殊的文字）。

第四，浮动元素不会覆盖表单元素（输入框、单选按钮、复选框、按钮、下拉选择列表框等）。

4.6 为什么需要盒模型 预计完成时间 31 分钟

4.6.1 外边距 margin

先来做这样一个练习，请根据图 4-38 所示的效果，写出对应的 HTML 结构。

图 4-38 案例效果

首先分析第一行内容，左侧是标题文字，右侧是一张图片。这一左一右的排列方式该如何做到？有一个简单的办法就是让图片右浮动。再往下是 8 张图片，水平排列，共两行，这个很显然应该使用左浮动来实现。于是我们就有了 HTML 结构和基本的布局样式（见图 4-39）。

```
--------------------- <div class="container"> ---------------------
  ┌ <div> ──────────────────────────────────────────────────────┐
  │ ┌ <span>编辑精选 ┐                            ┌ <img>右浮动 ┐ │
  │ └──────────────┘                            └────────────┘ │
  │ ┌──────────┐ ┌──────────┐ ┌──────────┐ ┌──────────┐        │
  │ │  <img>   │ │  <img>   │ │  <img>   │ │  <img>   │        │
  │ │  左浮动  │ │  左浮动  │ │  左浮动  │ │  左浮动  │        │
  │ └──────────┘ └──────────┘ └──────────┘ └──────────┘        │
  │ ┌──────────┐ ┌──────────┐ ┌──────────┐ ┌──────────┐        │
  │ │  <img>   │ │  <img>   │ │  <img>   │ │  <img>   │        │
  │ │  左浮动  │ │  左浮动  │ │  左浮动  │ │  左浮动  │        │
  │ └──────────┘ └──────────┘ └──────────┘ └──────────┘        │
  └─────────────────────────────────────────────────────────────┘
```

图 4-39 HTML 结构分析

代码部分如下。

```
<style>
    html { background: #eee; }
    .container {
        width: 1180px;
        background: white;
        overflow: auto;
    }
    .container img {
        float: left;
    }
    div.title {
        height: 50px;
        font-size: 26px;
        color: #888;
        line-height: 50px;
    }
    div.title img {
        float: right;
    }
</style>
<body>
    <div class="container">
        <div class="title">
            <span>编辑精选</span>
            <img src="imgs/tuijian.png">
        </div>
        <img src="imgs/001.png">
        <img src="imgs/002.png">
        <img src="imgs/003.png">
        <img src="imgs/004.png">
        <img src="imgs/005.png">
        <img src="imgs/006.png">
        <img src="imgs/007.png">
        <img src="imgs/008.png">
    </div>
</body>
```

案例 041　http://ay8yt.gitee.io/htmlcss/041/index.html，你可以打开网址在线编写并查看结果。

运行之后你会得到这样的结果，如图 4-40 所示。

图 4-40　运行效果

大体效果看上去还可以，但似乎又感觉哪里不对？仔细观察就会发现，元素之间是没有任何**间距**的，所有元素紧紧地挤在一起，看起来很不舒服。所以接下来我要讲的这段话很重要，敲黑板！画重点！请仔细听好。

> 网页布局的核心就以下两块内容。
>
> 第一，确定排版方式，是水平还是垂直排列？是靠左居中还是靠右？是靠上靠下或居中？
>
> 第二，调整元素、文字的大小以及间距直至合适为止。

按照惯例，接下来要解决问题了，也就是要引出一个新的样式属性 `margin`，中文名称叫作**外边距**。外边距这个词从字面意思上很好理解，就是边框外的距离，如图 4-41 所示。

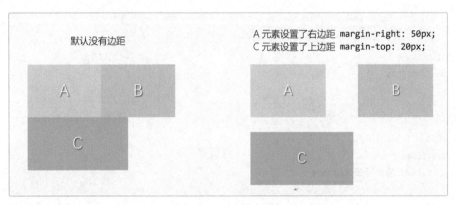

图 4-41　外边距的作用

关于外边距的写法，一共有以下 6 种，见表 4-2。

表 4-2　外边距写法

CSS 属性名	语　法	含义及效果
margin-left	margin-left：30px；	表示元素设置了 30 像素的左边距
margin-right	margin-right：30px；	表示元素设置了 30 像素的右边距
margin-top	margin-top：30px；	表示元素设置了 30 像素的上边距
margin-bottom	margin-bottom：30px；	表示元素设置了 30 像素的下边距
margin	margin：30px；	表示元素设置了 30 像素的上、右、下、左 4 个边距
margin	margin：auto；	表示元素左右边距自动处理，元素此时会水平居中。（根据 CSS 的规则，margin：auto 对上下边距是无效的）

于是关于 案例 041 我们便有了解决方案，如图 4-42 所示。

图中橙色部分 ▇ 代表 margin 边距，CSS 部分的代码如下。

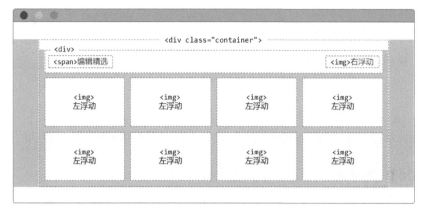

图 4-42　HTML 结构分析

```
<style>
    .container {
        width: 1180px;
        background: white;
        overflow: auto; /* 清除浮动影响,元素高度不再塌陷 */
        margin: auto; /* 元素水平居中 */
    }
    .container img {
        float: left;
        margin: 5px; /* 设置边距 5px */
    }
    div.title {
        height: 50px;
        line-height: 50px;
        font-size: 26px;
        color: #888;
        margin-left: 5px; /* 左边距 5px */
        margin-right: 5px; /* 右边距 5px */
    }
    div.title img {
        float: right;
        margin: 0; /* 边距为 0 */
    }
</style>
<body>
    <div class="container">
        <div class="title">
            <span> 编辑精选 </span>
            <img src="imgs/tuijian.png" >
        </div>
        <img src="imgs/001.png" >
        <img src="imgs/002.png" >
        <img src="imgs/003.png" >
```

```
        <img src = "imgs/004.png" >
        <img src = "imgs/005.png" >
        <img src = "imgs/006.png" >
        <img src = "imgs/007.png" >
        <img src = "imgs/008.png" >
    </div>
</body>
```

案例 042　http://ay8yt.gitee.io/htmlcss/042/index.html，你可以打开网址在线编写并查看结果。

4.6.2　填充 padding

填充也叫作内边距，但我更喜欢叫它填充。实际上这是一个形象的比喻，当设定 padding 后，元素的边框与内容之间就会产生内部距离，似乎像是给元素内部填充了一些不可见的东西。这会使得元素本身的大小被改变，如图 4-43 所示。

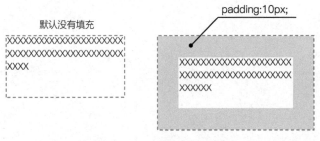

图 4-43　padding 填充效果

于是你又要问了，如果我加了填充，但不希望元素变大怎么办呢？当元素增加了填充之后，元素的实际宽度 = width + padding，元素的实际高度 = height + padding，所以我们尝试将宽高适当缩小，如图 4-44 所示。

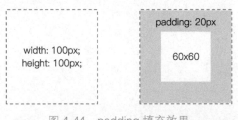

图 4-44　padding 填充效果

案例 043　http://ay8yt.gitee.io/htmlcss/043/index.html ，你可以打开网址在线编写并查看结果。

在之前的案例中，我们已经不止一次地使用了填充样式，还记得 案例 022 和 案例 038 吗？某些标签会默认自带边距或填充，有时候我们并不需要这些样式，就需要重新设置样式，将默认的样式覆盖掉。下面列举一些自带边距和填充的标签，见表 4-3。

表 4-3 自带边距和填充的标签

标 签	默 认 值
body 标签	默认 margin:8px
p 标签	默认 margin-top:16px; margin-bottom:16px;
ul 标签	默认 padding-left:40px
ol 标签	默认 padding-left:40px

4.6.3 边框 border

完成下面这个案例，效果如图 4-45 所示。

图 4-45 案例效果

别小看这个练习，它当中涉及了浮动、清除浮动、容器的水平居中、边距、边框、填充、默认样式覆盖等知识点。

```
<style>
    body, p {
        margin: 0; /* 清除 body 和 p 标签的默认 margin */
    }
    #box {
        width: 756px;
        overflow: auto;
        margin: auto; /* 让 #box 元素水平居中 */
    }
    .item {
        float: left;
        border: 1px solid #aaa;
        margin: 10px;
        padding: 10px;
    }
</style>
<body>
    <div id="box">
        <div class="item">
            <img src="imgs/01.png">
            <p>测试文字内容</p>
        </div>
```

```
    <div class="item">
        <img src="imgs/02.png">
        <p>测试文字内容</p>
    </div>
    <div class="item">
        <img src="imgs/03.png">
        <p>测试文字内容</p>
    </div>
</div>
</body>
```

案例 044 http://ay8yt.gitee.io/htmlcss/044/index.html，你可以打开网址在线编写并查看结果。

你可能注意到 `#box` 元素的宽度是 `756px`。首先作为最外层的父元素，它的宽度必须大于等于 3 个 `div.item` 之和。经过计算可以得知，`#box` 所需要的最小宽度为 756px。

计算过程如下，图片宽度为 `210px`，padding 为 `10px`，border 为 `1px`，margin 为 `10px`，所以一张图片要占据的空间总宽度为：210 + 10×2 + 1×2 + 10×2 = 252，一共三张图片，那么父容器需要的总宽度最小为 `756px`。

最后简单总结一下，关于盒模型的概念：一个元素包含内容、填充、边框、边距四部分内容。其中，填充和边框都会影响元素的实际大小，若想要元素大小保持不变，记得重新调整元素的宽和高，如图 4-46 所示。

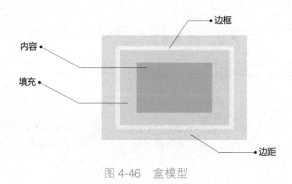

图 4-46　盒模型

4.7 完成一个更复杂的布局 预计完成时间 55 分钟

完成下面这个案例，效果如图 4-47 所示。

先不要惊慌，我们目前还不具备 100%实现这个网页的能力，但基本的布局我们已经可以完成了。按照惯例，我们应该先对网页进行区域划分、拆解，结果如图 4-48 所示。

动手之前，先准备好取色器小工具（章节 3.1.3），如果该工具在你的计算机上无法打开，可以用 QQ 的截图功能，也可以取色。

我们给不同的区域添加不同颜色，将网页的布局结构先写出来。在编写过程中，逐个完成每个区域。先编写 header 部分。

图 4-47　案例效果

```
<style>
    * {
        margin: 0;  padding: 0; /* 消除所有标签的默认边距和填充 */
    }
    #header {
        height: 50px;
        background: #E83828;
    }
    #header .head {
```

```
        width: 1000px;
        height: 50px;
        background: #D1D3D6;
        margin: auto; /* 水平居中 */
    }
</style>
<body>
    <div id="header">
        <div class="head"></div>
    </div>
</body>
```

图 4-48　页面区域划分

然后编写 banner 部分，就是较大的横幅广告图区域。

```
<style>
    ...
    #banner {
    height: 520px;
    background: slateblue;
    }
</style>
<body>
    ...
    <div id="banner"></div>
</body>
```

接着编写 category 部分，就是 6 个带图标的分类导航菜单。

```
<style>
    ...
    #category {
        width: 1055px; /* 经过计算得知,容器的最小宽度为 1055 * /
        height: 215px;
        margin: auto; /* 水平居中 * /
        background: #FF359A;
    }
    #category .item {
        width: 125px; height: 165px; /* 设置大小 * /
        padding: 25px; /* 上下左右填充 * /
        border-right: 1px dashed black; /* 右边框,1 像素,虚线 ,黑色 * /
        float: left; /* 左浮动 * /
    }
    #category .item.last {
        border: 0;  /* 取消边框 * /
    }
</style>
<body>
    ...
    <div id="category">
        <div class="item"></div>
        <div class="item"></div>
        <div class="item"></div>
        <div class="item"></div>
        <div class="item"></div>
        <div class="item last"></div>
    </div>
</body>
```

再编写 case 部分。

```
<style>
    ...
    #case {
        background: #eeeeee;
```

```
    }
    #case .title-text {
        width: 1000px;   font-size: 45px;
        margin: auto; /* 水平居中 * /
        padding-top: 20px;   padding-bottom: 10px;   /* 上下填充 * /
    }
    #case .item-wrapper {
        width: 1000px;
        margin: auto; /* 水平居中 * /
        overflow: auto;    /* 清楚浮动影响,防止因子元素浮动而高度塌陷 * /
    }
    #case .item-wrapper .item {
        width: 320px;   height: 330px;   background: #9ACD32;
        float: left; /* 左浮动 * /
    }
    #case .item-wrapper .item.mg {
        margin-left:20px; margin-right:20px; /* 左右边距 * /
    }
    #case p {
        height: 40px;   line-height: 40px;
        text-align: center;   font-size: 20px;
    }
</style>
<body>
    ...
    <div id="case">
        <div class="title-text">Case</div>
        <div class="item-wrapper">
            <div class="item"></div>
            <div class="item mg"></div>
            <div class="item"></div>
        </div>
        <p>查看更多+</p>
    </div>
</body>
```

最后编写 client 部分。

```
<style>
    ...
    #client-wrapper {
        width: 1000px;
        padding-top: 20px;   /* 上填充 * /
        padding-bottom: 30px;   /* 下填充 * /
        background: #ffaa7f;
        margin: auto;
        margin-bottom: 10px;
        overflow: auto;
```

```
    }
    #client-wrapper .title {
        font-size: 45px;
    }
    #client-wrapper .sub-title {
        font-size: 22px;
    }
    #client-wrapper img {
        float: left;
    }
</style>
<body>
    ...
    <div id="client-wrapper">
        <div class="title-text">
            <span class="title">Client</span>
            <span class="sub-title">客户</span>
        </div>
        <img src="" width="200px" height="180px">
        <img src="" width="200px" height="180px">
        <img src="" width="200px" height="180px">
        <img src="" width="200px" height="180px">
        <img src="" width="200px" height="180px">
    </div>
</body>
```

案例 045 http://ay8yt.gitee.io/htmlcss/045/index.html，你可以打开网址在线编写并查看结果。

　　这应该是目前为止我们所做的代码量最大的案例，但是它的难度并不大，因此在编写的时候，需要有足够的耐心，并且不可半途而废。很多初学者在学习网页开发时，总会抱怨编写网页工作量过于繁重，甚至中途放弃。然而随着熟练度的增加，以及学习知识的深入，你会了解到更多更高级的布局技巧和 CSS 样式的简写命令，再结合开发工具的快捷操作，足可以让自己编写网页的效率提高 5~10 倍。可惜的是，天亮前的黑夜往往是最难熬的，只有坚持到最后的人，才能看见黎明的太阳，希望你能记住这一点。

4.8　命令的简写形式　预计完成时间 5 分钟

为了提高开发效率，CSS 中很多样式都提供了简写形式，在之前的案例中，我们已经接触了一些，在此总结一下。

4.8.1　背景 background

标准写法

```
background-color/* 背景色* /
background-image   /* 背景图片* /
background-repeat   /* 背景图平铺方式* /
```

合并简写

背景色　　　背景图片　　　平铺方式

```
background: gray url(xxx/xx.png) no-repeat;
background: url(xxx/xx.png) repeat-y;

background: gray;
```

4.8.2　边框 border

标准写法

```
border-width   /* 边框宽度* /
border-style   /* 边框类型* /
border-color   /* 边框颜色* /
```

合并简写

边框宽度　　边框类型　　边框颜色

```
border: 1px solid #D3F402;
border: 3px dashed;
```

4.8.3　font 字体

标准写法

```
font-style: italic;   /* 斜体* /
font-weight: bold;   /* 加粗* /
font-family: arial,sans-serif;   /* 字体种类* /
font-size: 20px;   /* 字号大小* /
line-height: 35px;   /* 行高* /
```

合并简写

斜体字　加粗　字号大　默认字

```
font: italic  bold  20px/35px  arial, sans-serif, "微软雅黑";
```

行高　　备用字　　备用字

4.8.4　margin 边距

标准写法

```
margin-top   /* 上边距* /
margin-right   /* 右边距* /
margin-bottom   /* 下边距* /
margin-left  /* 左边距* /
```

合并简写

```
         上    右    下    左
margin:  10px  15px  10px  15px;

         上    左右   下
margin:  10px  15px  15px;

         上下   左右
margin:  10px  15px;

         上右下左
margin:  10px;
```

4.8.5 color 颜色

标准写法

```
color:red    /* 颜色名称* /
color:rgb(184, 134, 11)   /* 颜色 RGB 值* /
```

合并简写

```
        R值   B值
color:  #B8860B;
             G值
```

4.8.6 padding 填充

标准写法

```
padding-top    /* 上填充* /
padding-right   /* 右填充* /
padding-bottom   /* 下填充* /
padding-left   /* 左填充* /
```

合并简写

```
          上    右    下    左
padding:  10px  15px  10px  15px;

          上    左右   下
padding:  10px  15px  15px;

          上下   左右
padding:  10px  15px;

          上右下左
padding:  10px;
```

⚡知识补给站

> 知识补给站主要针对一些可能会阻碍你学习的计算机常识进行科普，如果你已经对它们比较了解，完全可以跳过它们。本章涉及的话题包含：
>
> `浏览器中的坐标系`　`控制面板的使用`

补给 1：浏览器中的坐标系

在我们日常中讨论的平面直角坐标系中，X 轴向右为正，Y 轴向上为正。假设我们手里有一个坐标点是（40，30）这个点的位置该如何计算呢？我们从原点出发，向右偏移 40，向上偏移 30，就得到这个点的位置了（见图 4-49）。

在浏览器的直角坐标体系中，原点通常在左上角，也就是 X 轴向右为正，Y 轴向下为正。我们就以背景图为例：`background-position: 40px 30px;`，背景图会以容器的左上角为原点，产生位移（见图 4-50）。

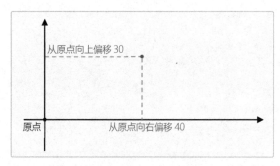

图 4-49　日常的坐标系

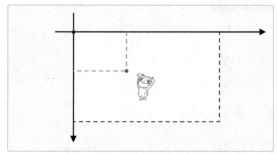

图 4-50　浏览器中的坐标系，Y 轴向下为正

所以，在浏览器的语境里，我们通常会把 **40px 30px** 坐标的 X 值与 Y 值记作 `left` 和 `top`，表示以 左 和 上 为原点的偏移量，这样书写方便且容易理解。

补给 2：控制面板的使用

控制面板是网页开发的绝对利器，它可以极大的提高我们开发调试代码的效率。首先，你要知道如何打开它，有两种方法：①单击鼠标右键然后选择【检查】命令；②按下键盘的【F12】键。

打开控制面板后，可以清楚地查看元素及其 CSS 样式，如图 4-51 所示。

熟练地掌握这个工具的使用，让你可以快速地熟悉一个陌生的网站，了解别人是怎么编写网页代码的。

同时当个人在编写网页时，利用这个工具实时编辑 CSS 的功能，可以轻松调试出想要的实际效果（避免了在调整一个效果时，需要反复修改代码，以及一遍遍尝试的烦琐过程）。

在接下来的章节（元素的定位）学习中，你很快就会用到这个工具，请做好准备。

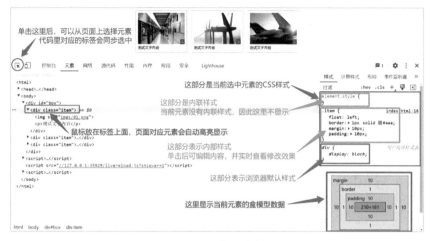

图 4-51　控制面板

单词表

　　英语是不好学但又非常必要的东西，如果你在读代码的过程中感到了吃力，多半是因为单词造成的。这里没有多余单词，只收集本章节当中出现过的。如果忘记了记得随时来翻一翻。

英 文 单 词	音　标	中 文 解 释	编 程 含 义
weight	/weɪt/	重量、分量	权重
family	/ˈfæməli/	家庭、家族、具有相同特征的某一类东西	某一类东西
line through		划掉、勾销	删除线
wavy	/ˈweɪvi/	波浪形状的	波浪形状的
justify	/ˈdʒʌstɪfaɪ/	证明、论证、辩解	两端对齐
indent	/ɪnˈdent/	缩进	缩进
repeat	/rɪˈpiːt/	重复	重复
position	/pəˈzɪʃ(ə)n/	位置	位置
top	/tɒp/	顶部	顶部
float	/fləʊt/	浮动	浮动
clear	/klɪə(r)/	完全明白、清除清理	清除
both	/bəʊθ/	双方、两者都	双方、两者都
overflow	/ˌəʊvəˈfləʊ/	装满、溢出	溢出
auto	/ˈɔːtəʊ/	汽车、自动的	自动的
margin	/ˈmɑːdʒɪn/	差额、幅度；盈余、利润；边缘	外边距
padding	/ˈpædɪŋ/	填充	填充

第 5 章　页面布局与基本交互

5. 1 了解元素类型 预计完成时间 20 分钟

5. 1. 1　block 与 inline

在接下来完成的案例中，我们会学习关于元素类型的知识，先看效果（见图 5-1）。

图 5-1　案例效果

按照惯例，先分析结构和布局方式（见图 5-2）。

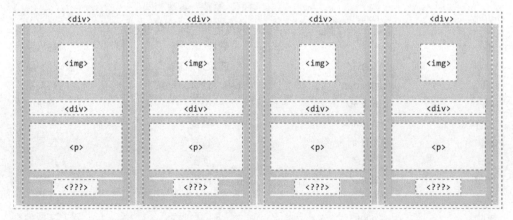

图 5-2　结构与布局方式

注意最下面那些打问号【???】的标签，我想请你思考一下，这里用什么标签比较合适呢？从效果图上看，它像是一个按钮或者链接，单击之后应该要跳转或打开新页面。既然是打开新页面，那么用 **<a>** 标签应该比较合适了，HTML 代码如下。

```
<div class="container">
    <div class="subject">
        <img src="imgs/ziyuan.png" width="70">
        <div class="title">Plumber</div>
        <p class="content">
            Lorem ipsum dolor sit amet, consectetur adipisicing eidt...
        </p>
        <a href="">Learn More</a>
    </div>
</div>
```

接下来完成样式部分。

```
<style>
    body {
        margin: 0;
    }
    .container {
        width: 1000px;
        overflow: auto; /* 清除浮动 */
        margin: auto; /* 水平居中 */
        text-align: center;
    }
    .container .subject {
        width: 200px;
        background: #EFEFEF;
        margin: 10px;
        padding: 0 15px 20px; /* 上填充 0、左右填充 15px、下填充 20px */
        float: left;
    }
    .container .subject img {
        margin: 40px auto; /* 上下边距 40px、水平居中 */
    }
    .container .subject .title {
        font: bold 18px "微软雅黑";
    }
    .container .subject .content {
        font-size: 14px;
        color: #666;
    }
    .container .subject a {
        text-decoration: none; /* 清除超链接默认样式 */
        font-size: 12px;
        color: white;
        width: 100px;
        height: 30px;
        line-height: 30px;
        background: #045899; /* 背景色 */
```

```
    }
</style>
```

案例 046 http://ay8yt.gitee.io/htmlcss/046/index.html，你可以打开网址在线编写并查看结果。

在实际的运行效果中，你会发现在超链接按钮的部分，页面的实际表现跟我们的预期是不符的。要解释这个原因的话，就需要了解一下元素类型的差别了。网页中的标签，大致分为 3 种类型：块元素、行内元素、行内块元素。在了解它们之间有什么差别之前，我们先来做一个小实验，观察图 5-3 及其代码。

```
<style>
    .box {
        width: 100px;
        height: 100px;
        background: #ccc;
        margin: 10px;
    }
</style>
<body>
    <div class = "box">111</div>
    <div class = "box">222</div>
    <span class = "box">333</span>
    <span class = "box">444</span>
</body>
```

图 5-3　块元素与行内元素

图 5-3 中明明使用了相同的 CSS 样式，为什么 div 和 span 却有不同的表现呢？这主要是因为它们的元素类型不同。我们的元素常见有**三大类型**，如图 5-4 所示。

图 5-4　元素的三大类型

了解了常见标签的类型及其特点后，对于 案例 046 就有解决方案了。

方案一：给超链接添加 padding 。

在我们刚刚所说的元素类型特点中，无论哪种元素，对于 padding 都有很好的支持，于是代码改造如下。

```
<style>
    ...
    .container .subject a {
```

```
    text-decoration: none;
    font-size: 12px;
    color: white;
    line-height: 30px;
    background: #045899;
    padding: 8px 20px; /* 上下填充 8px，左右填充 20px * /
    }
</style>
```

`案例 047` http://ay8yt.gitee.io/htmlcss/047/index.html　你可以打开网址在线编写并查看结果。

方案二：将超链接变成块元素。

> 改变超链接的元素类型，将它变成块元素，这样就可以设置宽高了。那么如何改变一个元素的类型呢？

绕了这么大一圈，终于要说到本小节的重点了，这个新的 CSS 属性叫作 `display` ，该属性用于控制元素的类型，它有以下 3 个取值。

`display:block; 块元素`　　`display:inline; 行内元素`　　`display:inline-block; 行内块元素`

通过改变 display 的值，就可以更改元素的类型，于是改造代码如下。

```
<style>
    ...
    .container .subject a {
        text-decoration: none;
        font-size: 12px;
        color: white;
        line-height: 30px;
        background: #045899;
        display: block; /* 改为块元素 * /
        width: 100px;
        height: 30px;
        margin: auto;
    }
</style>
```

`案例 048` http://ay8yt.gitee.io/htmlcss/048/index.html，你可以打开网址在线编写并查看结果。

5.1.2　水平排列的差异

对于 div 这样的块元素来说，实现水平居中需要使用 `margin:auto` ，但是对于超链接、span 或 img 这样的元素来说，margin：auto 是无效的。

不过当你给它们的父元素添加 `text-align:center` 之后，会惊奇地发现，元素居中了。不仅如此，设置行高 `line-height` 对于**行内元素**以及**行内块元素**都是有效的。也就是说，超链接、图片这样的元素，文本的修饰对它都是有效的。**它表现得更像是一个文字**。这并不难理解，我之前就告诉过你，图片可以被看作是特殊的文字。现在可以把这句话再补充一下，超链接、span、表单元素都可以看作是特殊的文字。图 5-5 说明了二者的差异。

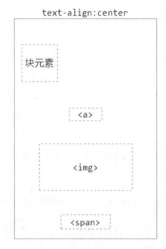

图 5-5   不同类型元素的水平居中

5.2 精准的定位元素 预计完成时间 41 分钟

5.2.1   相对定位与绝对定位

当读到这里的时候，那么理论上你应该掌握了网页布局的大部分知识了。如果你甚至还认真地把所有案例都做了练习。那么可喜可贺，你现在已经可以尝试完成自己的个人主页了。当然，在有一些较复杂的场景中，可能还会需要一些更高级的 CSS 知识。比如我接下来要讲的定位，按照惯例，先看效果（见图 5-6）。

图 5-6   案例效果

首先，我们可以先做出背景图，然后再想办法画出这些点。

```
<style>
    body {
        margin: 0; /* 消除 body 的默认边距 */
        text-align: center;
    }
    .container {
        /* 这里使用背景图,容器大小跟图片大小一致 */
        width: 1200px;
        height: 540px;
        margin: auto;
        background: url("imgs/map.png");
    }
</style>
<body>
    <p>阿里云全球服务器分布</p>
    <div class="container"></div>
</body>
```

案例 049 http://ay8yt.gitee.io/htmlcss/049/index.html，你可以打开网址在线编写并查看结果。

接下来我们准备制作第一个点，坐标点与左边和上边的距离分别是 180px 和 160px，如图 5-7 所示。

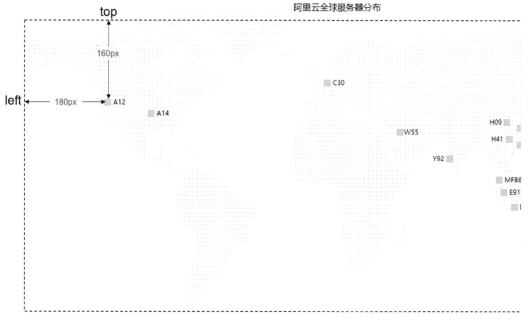

图 5-7 绝对定位的坐标计算

根据 CSS 规范，我们给元素添加坐标，使用属性 left 和 top ，同时开启元素的绝对定位模式 position: absolute ，这样坐标才可以生效。又由于我们的坐标是相对于父元素为参考系，因此父元素需要添加 position: relative 。

```
<style>
    .container {
        ...
        position: relative; /* 表示该容器作为参考系 */
    }
    .point {
        left: 180px;
        top: 160px;
        position: absolute; /* 启用绝对定位模式 */
    }
    ...
</style>
```

接下来给 `.point` 元素添加子元素，它应该包含两部分，蓝色的点和名称，如图 5-8 所示。

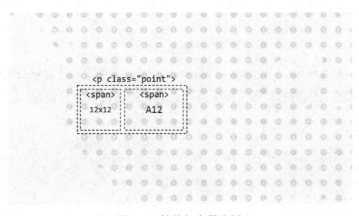

图 5-8　结构与布局分析

对于蓝色的点，宽高为 **12 x 12** 像素，因此我们需要更改 span 元素的类型为 **inline-block** ，代码如下。

```
<style>
    ...
    .p-fill {
        width: 12px;
        height: 12px;
        background: #00cdec;
        display: inline-block; /* 行内块元素,可设置宽高,水平排列 */
    }
    .p-name {
        font-size: 12px;
    }
</style>
<body>
    <p>阿里云全球服务器分布</p>
```

```
    <div class="container">
        <div class="point">
            <span class="p-fill"></span>
            <span class="p-name">A12</span>
        </div>
    </div>
</body>
```

案例 050 http://ay8yt.gitee.io/htmlcss/050/index.html，你可以打开网址在线编写并查看结果。

通过上面这个案例，我们了解了关于定位的用法。我们管 position:relative 叫作相对定位，管 position:absolute 叫作绝对定位。要注意它们的使用场景，一个用来修饰定位元素，一个用来修饰参考系元素，如图 5-9 所示。

图 5-9　定位的用法

5.2.2　坐标体系

对于定位的坐标，有 left 、 top 、 right 、 bottom 共 4 个属性。

它们分别表示元素与参考系左侧距离、顶部距离、右侧距离、底部距离。通常来说，为了避免冲突，left/right 或 top/bottom 坐标是不会同时设定的，例如同时设定了 left 和 right，如果元素没有明确设定宽度的话，浏览器则会尝试去改变元素的宽度，以达到设定的要求。因此对于新手来说，还是尽量避免使用这种高级且复杂的用法。在未来的章节中，有机会我会把这些高级技巧讲给你听。关于这 4 个属性的使用场景，其实不必刻意区分。当你遇到具体的案例时，都能够很自然的判断，例如看下面这个案例（见图 5-10）。

左侧是效果图，右侧是 HTML 结构。不难看出，商品描述和右上角的商品标签，都需要采用定位的方式来调整元素位置。对于商品描述来说，应该使用 left:0; bottom:0; ，商品标签则应该使用 top:0; right:20px; ，当然非要把 right 换成 left 也没有问题，如果你认为这样更加合理，代码如下。

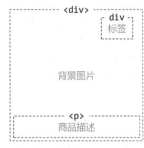

图 5-10　案例效果与布局分析

```
1   <style>
2       * {
3           margin: 0; /* 消除所有元素的默认边距 */
4       }
5       .box {
6           margin: 50px auto;
7           width: 290px;
8           height: 280px;
9           border: 1px solid #ccc;
10          background: url("imgs/goods.jpg");
11          position: relative; /* 开启相对定位,所有子元素将以它为参考系定位 */
12      }
13
14      .box .desc {
15          background: rgba(0, 0, 0, 0.5);
16          padding: 5px;
17          color: #fff;
18          position: absolute; /* 开启绝对定位 */
19          left: 0;
20          bottom: 0;
21      }
22      .box .tag {
23          width: 60px;
24          height: 45px;
25          background: url("imgs/new.png");
26          position: absolute; /* 开启绝对定位 */
27          top: 0;
28          right: 20px;
29      }
30  </style>
31  <body>
32      <div class = "box">
33          <div class = "desc">
34              圣罗兰 YSL 女士女神香水自由之香香水 Libre 超高颜值浓香 EDP50ml
35          </div>
36          <div class = "tag"></div>
37      </div>
38  </body>
```

案例 051 http://ay8yt.gitee.io/htmlcss/051/index.html，你可以打开网址在线编写并查看结果。

注意第 15 行，我使用了 **rgba** 来设定背景颜色。除了 rgb 三原色之外，最后一项 a 代表的是透明度，具体写法如下。

```
                  R    G    B

background: rgba(184, 134, 111, 0.8);        0 表示完全透明
                                              1 表示完全不透明
                  透明度
```

5.2.3 固定定位

固定定位是网页中一种很常见的效果（见图 5-11），下图中的彩色部分，位置始终固定，不会随着网页的滚动而滚动。

图 5-11 固定定位的效果

实现这个效果，需要使用 **position: fixed** 样式，它叫作固定定位。采用固定定位的元素，坐标位置相对于浏览器窗口固定，不管你怎么滚动页面，元素的位置都是不变的。我们再来做一个案例练习（见图 5-12）。

图 5-12 案例效果

```
<style>
    *   {margin: 0; }
    #box1 {
        width: 100% ;
        height: 100px;
        background: #8f8f8f;
        position: fixed; /* 固定定位 */
        left: 0;
        top: 0;
        text-align: center;
        line-height: 100px;
        color: #fff;
        font-size: 30px;
    }
    #box2 {
        margin-top: 100px; /* 试试看删除这句话是什么效果？ */
    }
</style>
<body>
    <div id="box1">
        顶部信息栏
    </div>
    <div id="box2">
        <img src="imgs/sousuo.png">
    </div>
</body>
```

案例 052 http://ay8yt.gitee.io/htmlcss/052/index.html，你可以打开网址在线编写并查看结果。

为什么 #box2 元素需要添加 margin-top 的样式呢？因为所有设置定位的元素，如同浮动元素一样，它们也脱离了网页布局，不占据空间，同时也会覆盖普通的元素。

5.2.4 如何确定参考系

如图 5-13 所示，我们有 A、B、C 三个元素。它们是父子关系，即 A 包含 B、B 包含 C。请思考如下情况并回答问题。

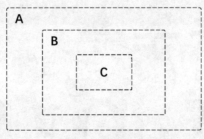

图 5-13 参考系

1 当元素 C 添加绝对定位，**元素 B 和元素 A 添加相对定位**，请问元素 C 该以谁为参考系?

2 当元素 C 添加绝对定位，**元素 B 和元素 A 都没有定位**，请问元素 C 该以谁为参考系?

3 当元素 C 添加绝对定位，**元素 B 没有定位，元素 A 添加相对定位**，请问元素 C 该以谁为参考系?

4 当元素 C 添加绝对定位，**元素 B 添加绝对定位，元素 A 添加相对定位**，请问元素 C 该以谁为参考系?

5 当元素 C 添加绝对定位，**元素 B 没有定位，元素 A 添加绝对定位**，请问元素 C 该以谁为参考系?

这些问题乍一看上去情况相当复杂，初学者在第一次遇见这种场景时，会变得手足无措，自信心备受打击。实际上，你只要掌握一条规律，就可以解决所有的问题。

> 当一个元素添加绝对定位后，它会依次向上层查找父元素，一旦发现元素添加了定位，不管它是 relative\absolute 还是 fixed，都会把这个元素当做自己的参考系。如果查找过程所有元素都没有添加定位，最终元素会把整个页面（即 HTML 元素）当做自己的参考系。
>
> 即是说，参考系一定是那个离自己最近的且有定位的父元素，找不到则以整个页面为参考系。

5.3　鼠标的 hover 效果　预计完成时间 8 分钟

网页中利用鼠标划入触发样式变化是一种非常常见的效果。它一般多用于按钮和超链接等。我们管这类效果叫作 hover（见图 5-14）。

图 5-14　鼠标的 hover 效果

上图中涉及了背景颜色渐变以及阴影虚化效果，以目前所学知识还无法完成。下面先来做一个简易版的 hover 按钮。

```
<style>
    * {
        margin: 0;
    }
    html {
        background: #000; /* 整个网页的背景颜色为黑色 */
    }
    #box {
        text-align: center;
        margin-top: 100px;
```

```
    }
    .btn {
        border: 1px solid;
        font-size: 14px;
        padding: 10px 20px;
    }
    .one {
        color: #4cc9f0;
        border-color: #4cc9f0;
    }
    .two {
        color: #f038ff;
        margin: 0 20px;
        border-color: #f038ff;
    }
    .three {
        color: #b9e769;
        border-color: #b9e769;
    }

    .btn:hover {
        color: white; /* 当鼠标划入 .btn 元素, 文字颜色改变 */
    }
    .one:hover {
        background-color: #4cc9f0; /* 当鼠标划入 .one 元素, 背景颜色改变 */
    }
    .two:hover {
        background-color: #f038ff; /* 当鼠标划入 .two 元素, 背景颜色改变 */
    }
    .three:hover {
        background-color: #b9e769; /* 当鼠标划入 .three 元素, 背景颜色改变 */
    }
</style>
<body>
    <div id="box">
        <span class="btn one">HOVER ME</span>
        <span class="btn two">HOVER ME</span>
        <span class="btn three">HOVER ME</span>
    </div>
</body>
```

案例 053 http://ay8yt.gitee.io/htmlcss/053/index.html，你可以打开网址在线编写并查看结果。

在这个案例中，我使用了 :hover 来表示鼠标划入状态，它可以跟在任何 CSS 选择器的后面，也可以设定对应元素在 hover（鼠标划入）时的样式。

5.4 滤镜相册 [预计完成时间 19 分钟]

在下面的案例中结合了**定位**以及 hover，同时涉及了一个新的 CSS 属性： opacity ，它用来设置元素的透明度。取值范围是 0 ~ 1 之间的数字， 0 代表完全透明， 1 代表不透明。该案例的效果是一个相册，当鼠标划入某个图像时，该图像呈高亮，其他图像呈半透明处理。效果如图 5-15 所示。

静止状态

鼠标划入

图 5-15 案例效果

```
1   <style>
2       * {
3           margin: 0;
4       }
5       html {
6           background: black; /* 给整个网页设置黑色背景 */
7       }
8       #box {
9           width:1002px; height:500px;
10          margin:100px auto;
11          position: relative;
12      }
13      #box img {
14          position: absolute;
15          cursor: pointer; /* 鼠标划入后的样式,pointer 表示鼠标会变成小手的形状*/
16      }
```

```
17    img.a1 { left: 0; top: 0; }
18    img.a2 { right: 0; top: 0; }
19    img.a3 { right: 0; bottom: 0; }
20    img.a4 { left: 502px; bottom: 0; }   /* 具体坐标请自行计算 * /
21    img.a5 { left: 335px; bottom: 0; }   /* 具体坐标请自行计算 * /
22    img.a6 { left: 0; bottom: 0; }
23    #box:hover img {
24        opacity:0.5;   /* 当鼠标划入#box,内部的 img 变为半透明 * /
25    }
26    #box img:hover {
27        opacity: 1; /* 当鼠标划入 img,该 img 元素变为不透明 * /
28    }
29  </style>
30  <body>
31    <div id="box">
32        <img src="images/a1.png" class="a1">
33        <img src="images/a5.png" class="a2">
34        <img src="images/a6.png" class="a3">
35        <img src="images/a4.png" class="a4">
36        <img src="images/a3.png" class="a5">
37        <img src="images/a2.png" class="a6">
38    </div>
39  </body>
```

案例 054　http://ay8yt.gitee.io/htmlcss/054/index.html，你可以打开网址在线编写并查看结果。

注意，第 6 行，为了让半透明的图像颜色变暗，要把整个网页的背景颜色改为黑色。第 15 行，使用了一个新的属性 cursor，用来设置元素 hover 状态下的鼠标样式，它的取值非常多，这里不再依次介绍，如果将来有需要，你很轻易就可以在 CSS 文档上找到详细说明。cursor: pointer 可以把鼠标变成小手的形状。

本案例的重点在第 23 行，#box:hover img 选择器表示当鼠标划入#box 元素时，匹配内部的 img。而第 26 行，#box img:hover 选择器表示匹配鼠标划入的 img 元素，乍看起来，这俩选择器好像是一样的，实则完全不同，第 23 行是在#box 被 hover 时，对内部所有 img 起作用。第 26 行是对 hover 状态的某个 img 起作用。因此当某个 img 被 hover 时，则会有两个样式同时叠加。

又由于第 23 行和第 26 行的权重值完全相同，后者覆盖前者，最终 hover 状态的 img 不透明，其他 img 半透明，从而达到了高亮效果。

5.5 精灵图　预计完成时间 23 分钟

观察下面这个案例，鼠标划入单元格，显示对应浏览器的图标（见图 5-16）。

这里一共有 4 种浏览器，那么至少需要 4 张图片。另外，你可能还注意到，这个案例中用到的字体比较特殊，在计算机上恐怕打不出这种字体吧？实际上这些文字也是用图片做的。

好了，那么现在数一数（见图 5-17），我们一共需要几张图片呢？

静止状态

鼠标划入

图 5-16 案例效果

欧朋
01.png

火狐
02.png

Edge
03.png

谷歌
04.png

05.png

06.png

07.png

08.png

图 5-17 案例所需图片

你可以先思考一下这个案例怎么完成，利用 hover 更改背景图的操作，对你来讲应该不算很难了吧？代码我就不展示了。

案例 055 http://ay8yt.gitee.io/htmlcss/055/index.html，你可以打开网址在线编写并查看结果。

加载一个网页所耗费的时间，大部分都用在从服务器下载图片数据，因为图片几乎占据了日常网页超过 80%的面积。由于现在的图片像素越来越高，文件体积也就越来越大。因此，提高图片的加载效率，就是提高网页加载效率的关键。然而浏览器与服务器之间的通信，采用了 HTTP 协议。仔细观察浏览器的地址栏，你应该会看到 http:// 这样的开头。这个 HTTP 就是协议名称。简单地说，浏览器和服务器之间的通信是需要遵守这个规范的。而这个规范有一个奇怪的特点，叫作**无状态协议**。

什么是无状态协议呢？我举个例子来说明。

你用了 10 张图片，就需要加载 10 次，按照 HTTP 协议的规定，浏览器一次只能从服务器下载一张图片，下载完要立刻断开连接。如果需要下载第二张图片，那么对不起，你要重新跟服务器建立连接。10 张图片就意味着要建立 10 次连接，这个效率显然是非常低下的。至于为什么有这么奇怪的规定呢？这牵扯到更底层 TCP 协议的本质以及服务器的效率问题，由于这个问题涉及专业知识过多并且不影响本书的学习，这里就不展开讨论了。

要解决这个问题，我们可以把所有图片打包在一起，一次性下载完就行了。简单地说就是把 10 张图片合成一张图片，这样只需要下载一次就够了。嗯，你没猜错，这种合成之后的图片就叫作精灵图。

不过这一般都是设计师干的活，开发人员不用操心，如果你确实有这个需求，而身边又没有设计师朋友帮忙，那你可以在知识补给站的"制作精灵图片"中找到一个合成图片的简易教程。唉，你就说说，除了一对一培训师，还有谁能比我更贴心呢？

最终我们得到了一张完整图片（见图5-18）。

bg.png

图 5-18　合成后的精灵图

现在问题来了，合成一张图片后，这段代码该怎么写呢？首先加入背景图，效果如图 5-19 所示。

图 5-19　精灵图使用原理 1

你应该还记得，之前在讲背景图的时候，我们说背景图片是可以改变位置的对吧？所以接下来，我们修改背景图的位置：**background-position: -96px 0;**，我们将背景图在水平方向向左移动 96px，如图 5-20 所示。

图 5-20　精灵图使用原理 2

同理如果背景图向左移动 96px，向上移动 96px：**background-position: -96px -96px;**，如图 5-21 所示。在浏览器坐标系中，Y 轴向下为正，向上为负。

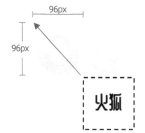

实际效果

图 5-21 精灵图使用原理 3

现在我们可以动手写代码了，第一步先写出初始效果。

```html
<style>
    .list {
        width: 392px;
        overflow: auto; /* 解决高度塌陷 * /
        padding: 0; /* 清除默认 padding * /
        list-style: none; /* 清除默认列表符号 * /
    }
    .list li {
        float: left;
        width: 96px;
        height: 96px;
        border: 1px solid #666;
        background: #ADB9CA url("imgs/bg.png"); /* 添加背景色以及背景图片 * /
    }
    .list li.a {
        background-position: 0 0;
    }
    .list li.b {
        background-position: -96px 0;
    }
    .list li.c {
        background-position: -192px 0;
    }
    .list li.d {
        background-position: -286px 0;
    }
</style>
<body>
    <ul class="list">
        <li class="a"></li>
        <li class="b"></li>
        <li class="c"></li>
        <li class="d"></li>
    </ul>
</body>
```

> 接下来添加鼠标 hover 的效果。

```
<style>
    ...
    .list li.a:hover { background-position: 0 -96px; }
    .list li.b:hover { background-position: -96px -96px; }
    .list li.c:hover { background-position: -192px -96px; }
    .list li.d:hover { background-position: -286px -96px; }
</style>
```

`案例 056` http://ay8yt.gitee.io/htmlcss/056/index.html，你可以打开网址在线编写并查看结果。

当我们在设置背景图片的位置时，请一定要记住，水平向右为正，垂直向下为正。当图片向左上移动时，坐标皆为负数。除了像素单位之外，也可以使用百分比。hover 属性和精灵图往往是搭配使用的，在后续的章节中，我们还会陆续使用这些知识来完成更多、更丰富的案例。

🔋 知识补给站

知识补给站主要针对一些可能会阻碍你学习的计算机常识进行科普，如果你已经对它们比较了解，完全可以跳过它们。本章涉及的话题包含： `制作精灵图片`

补给：制作精灵图片

考虑到你的计算机可能没有安装 PS，或者即便安装了可能也不太常用。因此，这里推荐一个上手极其简单的在线制作精灵图的网站。

这是网址：https://www.toptal.com/developers/css/sprite-generator/

网站的操作真的无比简单，贴一张截图你就能看懂了（见图 5-22）。

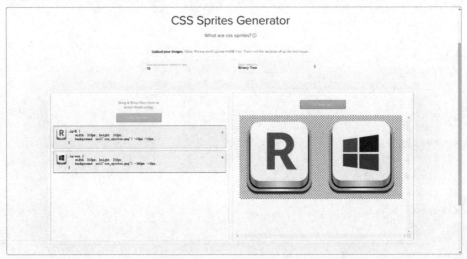

图 5-22　网站操作界面

　　单击左侧的按钮上传单个图片，右侧会自动合成精灵图，单击右侧按钮就可以下载。另外，当你上传完图片后，左侧还会自动生成使用该图片的 CSS 代码供你参考。用户体验相当的好，简直比本书作者还要贴心。

 单词表

　　英语是不好学但又非常必要的东西，如果你在读代码的过程中感到了吃力，多半是因为单词造成的。这里没有多余单词，只收集本章节当中出现过的。如果忘记了记得随时来翻一翻。

英 文 单 词	音　　标	中 文 解 释	编 程 含 义
block	/blɒk/	街区、块状	块状
inline	/ˈɪnlaɪn/	行内、内联	行内、内联
display	/dɪˈspleɪ/	显示	显示
relative	/ˈrelətɪv/	相对的	相对的
absolute	/ˈæbsəluːt/	绝对的	绝对的
fixed	/fɪkst/	修理、固定的	固定的
hover	/ˈhɒvə(r)/	翱翔、盘旋；徘徊、守候	鼠标悬停于……之上
opacity	/əʊˈpæsəti/	不透明	不透明
cursor	/ˈkɜːsə(r)/	光标	光标
point	/pɔɪnt/	点	点

第 6 章　智能表单与 BFC 规则

6.1 语义化标签 <small>预计完成时间 17 分钟</small>

6.1.1　语义化的作用

接下来我要带你了解语义化标签。所谓语义化就是用接近自然语言的方式是去写代码，让人们更容易理解，机器也更容易区分。语言的作用的在于人与人之间的交流，编程语言亦是如此。

拿我们的中国话来讲，文言文和白话文最大的区别在于，白话文更通俗易懂，但是相对来说使用的文字会比较多。反过来说，文字中包含的信息量越大，看起来越精简，但也不容易让人理解。

江城子·密州出猎

苏轼　宋

老夫聊发少年狂，左牵黄，右擎苍，锦帽貂裘，千骑卷平冈。为报倾城随太守，亲射虎，看孙郎。

酒酣胸胆尚开张，鬓微霜，又何妨！持节云中，何日遣冯唐？会挽雕弓如满月，西北望，射天狼。

古人的诗词确实精妙，让人不禁赞叹文字的艺术。可是从小上学时，文言文学起来却不容易，因为它并不像白话文那样容易理解。在苏轼这首词中第一句，左牵黄当中的"黄"，指的是狗？还是黄狗？或者狗的特定品种呢？如果你不把苏轼他老人家亲自叫来，恐怕已经很难确认了。

再比如当年害死岳飞将军的秦桧所说那句"莫须有"，今天有三种解释，一说必须有，一说恐怕有，一说难道没有。甚至连论语"有朋自远方来"的《学而》篇，如今在学术上也有着不同的翻译版本。可见，语言越精练越易于传播保存，但由于包含信息量大，在传播过程中，想要精确保持其本意就比较困难了。

回到网页上来说，当我们遇到一个复杂的网页结构，页面中伴随大量的标签嵌套，比如说下面这个（见图 6-1）。

尽管 div 这个容器编写起来非常简单，可是当代码中的 div 容器越来越多时，就会很难让人区分，已经搞不清楚它们是做什么的了，因此为了清楚地还原 div 的本意，大家又不得不在 div 容器上增加了各种各样的类（class）名，这些类名不见得是为了写样式，也有可能只是为了描述当前 div 的作用。

为了解决这个问题，W3C 在 2014 年推出了 HTML 5.0 版本，在这个版本当中，HTML 规范新增了很多新的容器标签。例如，编写一个导航用的容器，可以用 <nav> 标签；编写网页的头部，可以用 `<header>` 标签；编写网页的底部，可以用 `<footer>` 标签；网页中部的核心区域，可以用 `<main>` 标签；编写一小节内容，可以用 `<section>`；标记突出文本，可以用 `<mark>`；独立的文字或内容块，可以用 `<article>`；写一段代码，可以用 `<code>`；展示一段数据，可以用 `<data>`。

```html
▼<div id="body" alog-alias="b">
    <div class="top-banner" id="topbanner"></div>
  ▼<div class="column clearfix" id="focus-top" style="margin-top: 12px; margin-bottom: 31px;">
    ▼<div class="l-left-col" alog-group="focus-top-left">
      ▼<div id="left-col-wrapper">
        ▼<div class="recommend-tip-wrapper">
          ▼<div class="tip-wrapper">
            ▼<div class="background-wrapper">
              ▼<a id="tip-float" class="mod-headline-tip" href="javascript:void(0);">
                ▼<div class="content-wrapper">
                    <i class="tip-logo"></i>
                    <div class="tip-content">点击刷新，将会有未读推荐</div>
                  </div>
                </a>
              </div>
            </div>
          </div>
        ▼<div id="headline-tabs" class="mod-headline-tab">
          ▼<ul class="clearfix">
            ▼<li class="active">
                <a href="javascript:void(0);" data-control="pane-news">热点要闻</a>
              </li>
              ::after
            </ul>
            <a id="tab-login" class="tab-login tab-enter-recommend" href="javascript:void(0);" onclick="return false" mon="m=53&a=3" style="display
          </div>
        ▶<div class="mod-tab-content">…</div>
        </div>
      </div>
    ▼<div class="l-right-col" alog-group="focus-top-right">
      ▶<div class="toparea-aside-top" alog-group="focustop-carousel">…</div>
```

图 6-1　多层嵌套的网页结构

这些标签和 **div** 一样，都是 **block** 元素类型，且本身不带有任何样式，非常适合作为容器进行排版布局。

有人会觉得，语义化标签不就是用单词本身来说明容器的作用吗？既然这样，何必推出什么新规范，标签名字我自己定义不就行了？从程序上讲，这当然是没有问题的，浏览器允许自定义标签的存在，但我绝对不建议你这样做！我在第 3、4 章的知识补给站的"代码注释的重要性"中曾经跟你讲过这个问题，阅读代码占据一个程序员绝大多数的时间。

代码是计算机的语言，语言的目的是交流。如果语义化标签允许大家自行发挥，那么最终一定会发展成一种失控的局面，每个人都只能看懂自己的代码，而无法理解别人的代码。比如，张三喜欢吃比萨，于是他的代码里有很多 `<pizza>` 标签，李四的代码里经常用 `<iphone>`，王五这个人平时喜欢说感叹词，于是他的代码里满屏幕都是 `<aaa>`，这样一来，规范彻底失去了意义，代码交流变得不复存在。

6.1.2　常见标签

尽管语义化标签数量是有限的，但比起只有 div \ span 容器的时代，已经算是很大的进步了。现在我带你快速认识一下这些标签，见表 6-1，然后开始今天的案例练习。

表 6-1 常见标签及说明

标 签	说 明	标 签	说 明
\<article>	定义独立的文章或内容模块	\<aside>	定义页面侧边栏的容器
\<details>	定义一个元素，通常用作折叠内容的容器	\<footer>	定义页面或区域的尾部
\<header>	定义页面或区域的头部	\<main>	定义文档的主要内容
\<mark>	定义需要突出显示的文本	\<nav>	定义导航链接的容器
\<section>	定义文档的节或区域	\<summary>	定义\<details>元素的摘要或标题
\<time>	定义日期或时间	\<address>	定义联系信息
\<blockquote>	定义长引用	\<code>	定义计算机代码文本
\<kbd>	定义键盘输入	\<data>	定义数据列表

下面我们来尝试写这样一个网页布局（见图 6-2）。

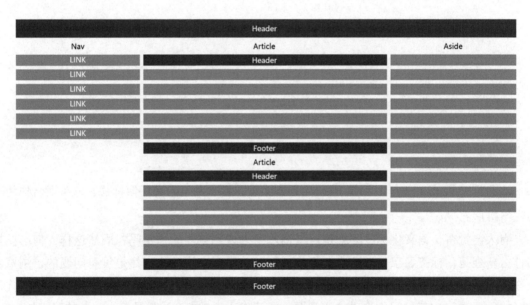

图 6-2 网页布局

HTML 代码如下。

```
<body>
    <header> Header </header>
    <main>
        <nav> Nav... </nav>
        <section>
            <article> Article
                <header> Header </header>
                <footer> Footer </footer>
            </article>
```

```
        <article> Article
            <header> Header </header>
            <footer> Footer </footer>
        </article>
    </section>
    <aside> Aside... </aside>
</main>
<footer> Footer </footer>
</body>
```

画出 HTML 代码的结构图（见图 6-3）。

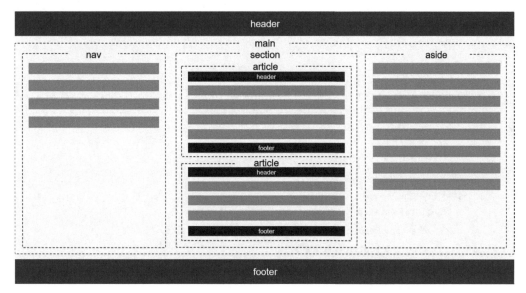

图 6-3　HTML 代码结构图

完整代码如下。

```
1   <style type = "text/css">
2       * {margin: 0;  padding: 0;  text-align: center;  font-size: 18px; }
3       p { height: 30px;  background-color: #8497B0;  margin: 10px 0;  color: white; }
4       body header, body footer {  /* header 与 footer 具有的公共样式，两个选择器用逗号隔开 * /
5           height: 50px;
6           line-height: 50px;
7           background-color: #44546A;
8           color: white;
9       }
10      main { overflow: auto;  padding: 10px 0; }
11      article header, article footer { /* article 下的 header 与 footer 公共样式 * /
12          height: 30px;
13          line-height: 30px;
14          margin: 10px 0;
```

```
15      }
16      nav, section, aside { /* nav, section, aside 公共样式 * /
17          float: left;
18      }
19      nav, aside { /* nav, aside 公共样式 * /
20          width: 25% ;
21      }
22      section {
23          width: 50% ;
24          padding: 0 10px;
25          box-sizing: border-box; /* 固定盒模型的大小,当增加填充时,盒子向内挤压 * /
26      }
27  </style>
28  <body>
29      <header> Header </header>
30      <main>
31          <nav> Nav
32              <p>LINK</p>
33              ...
34          </nav>
35          <section>
36              <article> Article
37                  <header> Header </header>
38                  <footer> Footer </footer>
39              </article>
40              <article> Article
41                  <header> Header </header>
42                  <footer> Footer </footer>
43              </article>
44          </section>
45          <aside> Aside... </aside>
46      </main>
47      <footer> Footer </footer>
48  </body>
```

案例 057　http://ay8yt.gitee.io/htmlcss/057/index.html，你可以打开网址在线编写并查看结果。

注意代码第 25 行，我们好像又学了一个新的 CSS 属性，叫作 box-sizing ，关于它的含义，还得从盒模型说起。

在前面盒模型的章节我讲过，一个元素如果添加了 padding，则会被填充撑大，最终实际的宽高可能会大于它所设定的 width/height。这是盒模型的默认表现，但如果你希望固定一个元素的宽高，而不受 padding 的影响，这时可以给元素添加 box-sizing: border-box; ，box-sizing 属性用来控制元素的宽高计算方式。

border-box 的含义表示，将以元素的边框为界，锁定元素的大小。当添加 padding 时，元素总体大小不变，向内进行挤压，如图 6-4 所示。

图 6-4　box-sizing 的效果

需要注意的是，使用 box-sizing：border-box；固定大小时，padding 过大有可能会造成内容挤压溢出容器，因此使用时一定要谨慎一些。

6.2　智能表单制作 预计完成时间 26 分钟

在第 2 章第 9 节，我们学习了表单的基本知识，你现在已经知道了，表单里的主要元素是由一个叫作 input 标签来实现的。当 input 标签的 type 属性等于不同的值，页面上就会呈现不同的元素。例如文本输入框、密码输入框、单选按钮、复选框、按钮、重置按钮等。

下面我们来学习更多的表单类型。这一小节的目标，就是完成下面这个案例，如图 6-5 所示。

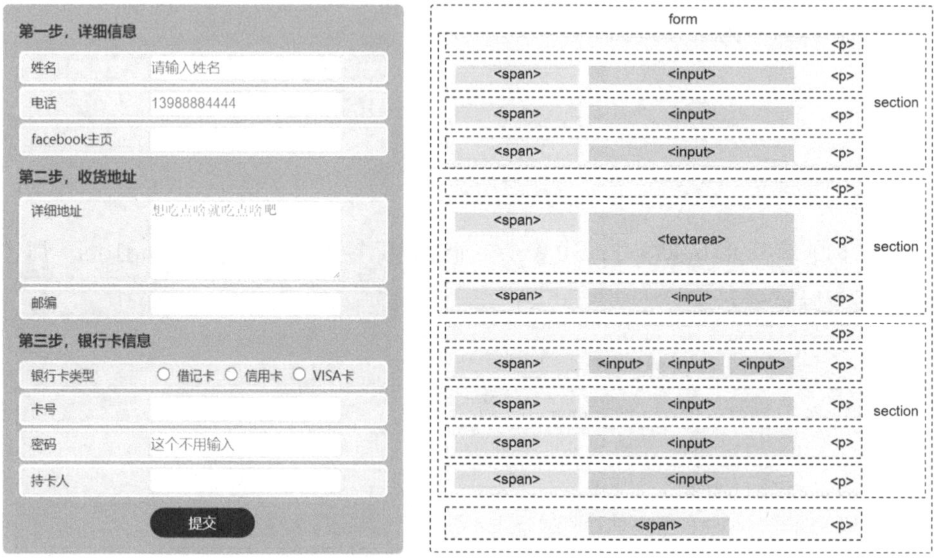

图 6-5　案例效果及结构分析

结构图我也帮你画好了，不过在开始写代码之前，我们还是先认识几个新的表单元素。

1. input[type=email]

当 input 元素的 type 类型等于 email，这表示邮箱输入框，在这个输入框中，你只能输入邮箱格式的内容，浏览器会自动检查输入的文字内容是否符合邮箱的规范。如果书写不规范，浏览器就会提示错误，如图 6-6 所示。

图 6-6　邮箱输入框

2. input[type = url]

当 input 元素的 type 类型等于 url ，这表示输入框中必须输入一个符合格式要求的 url 地址，如图 6-7 所示。网页当中的地址看似随意，实际上它也是有规范的。如果你不知道什么叫 URL，可以去知识补给站的 "什么是 URL?" 中了解一下。

图 6-7　URL 输入框

3. input[type = number]

当 input 元素的 type 类型等于 number ，浏览器会对这个输入框加以限制，你只能输入数字，而无法输入其他内容，如图 6-8 所示。

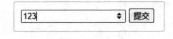

图 6-8　数字输入框

HTML 结构的编写并不算很难，注意我在 input 标签中增加了 **placeholder** 属性，它用来给输入框设置默认提示。

```
<form>
    <section>
        <p class="step"><b>第一步,详细信息</b></p>
        <p class="form-line">
            <span>姓名</span>
            <input type="text" placeholder="请输入姓名">
        </p>
        <p class="form-line">
            <span>电话</span>
            <input type="text" placeholder="13988884444">
        </p>
        <p class="form-line">
            <span>facebook 主页</span>
```

```
            <input type="url">
        </p>
    </section>
    <section>
        <p class="step"><b>第二步,收货地址</b></p>
        <p class="form-line">
            <span>详细地址</span>
            <textarea placeholder="想吃点啥就吃点啥吧"></textarea>
        </p>
        <p class="form-line">
            <span>邮编</span>
            <input type="text">
        </p>
    </section>
    <section>
        <p class="step"><b>第三步,银行卡信息</b></p>
        <p class="form-line">
            <span>银行卡类型</span>
            <input type="radio" name="cardType">借记卡
            <input type="radio" name="cardType">信用卡
            <input type="radio" name="cardType">VISA 卡
        </p>
        <p class="form-line">
            <span>卡号</span>
            <input type="number">
        </p>
        <p class="form-line">
            <span>密码</span>
            <input type="number" placeholder="这个不用输入">
        </p>
        <p class="form-line">
            <span>持卡人</span>
            <input type="text">
        </p>
    </section>
    <p>
        <input type="submit" class="submit-btn" value="提交">
    </p>
</form>
```

在输入详细地址的地方，我们使用了 `<textarea>` 标签，其含义跟 `<input type="text">` 基本一致，叫作多行文本输入域，也就是说，在其中可以输入多行文字。

接下来是编写 CSS 的部分，以目前所掌握的 CSS 知识，完成这个案例只是个时间问题。只是仅有一个问题需要解决。你应该注意到在整个案例中，所有的边角都变得不再锐利，而是圆滑了许多，这看上去显得整个网页变得温和了。该效果是如何做到的呢？这就要学习一个新的 CSS 样式：`border-radius`，叫作圆角半径。网页中元素的形状默认都是矩形，如果想要添加圆角，就可以给元素添加圆角半径：`border-radius: 15px;` ，这是什么含义呢？可以想象你在矩形的一个角画了一个圆，圆的半径就是 **15px** ，效果如图 6-9 所示。

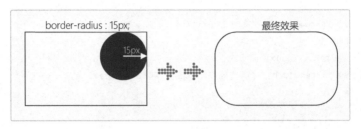

图 6-9　圆角的设定

该方法可以用来制作一些按钮或者头像，如图 6-10 所示。

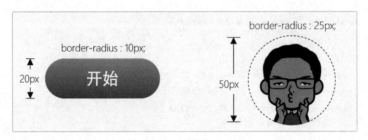

图 6-10　圆角的常见应用

那么接下来我们就可以写出完整的 CSS 代码了。

```
1  <style>
2    * {
3        padding: 0;
4        margin: 0;
5    }
6    form {
7        width: 350px;
8        background-color: #9CBC2B;
9        margin: 20px auto;
10       padding: 5px 15px;
11       color: #364411;
12       border-radius: 5px; /* 圆角半径 5px * /
13   }
14   input, textarea {
15       border: none;
16       border-radius: 3px; /* 圆角半径 3px * /
17       width: 180px;
18   }
19   .form-line input {
20       background: white;
```

```
21          height: 20px;
22      }
23      .form-line textarea {
24          height: 70px;
25          vertical-align: top; /* 垂直对齐方式,使得 textarea 与同一行文字顶部对齐 */
26      }
27      .step {
28          font-size: 14px;
29          margin: 10px 0; /* 上下边距 10px,左右 0 */
30      }
31      .form-line {
32          border-radius: 5px;
33          border: 2px solid #F0F5DF;
34          padding: 3px 3px 3px 10px;
35          margin: 3px 0;
36          background-color: #CEDE95;
37          font-size: 12px;
38      }
39      .form-line span {
40          display: inline-block; /* 修改 span 为 inline-block 元素,可设置宽高 */
41          width: 110px;
42      }
43      .form-line input[type=radio] { /* 匹配单选框 */
44          width: 25px;
45          height: 12px;
46      }
47      input.submit-btn {
48          display: block; /* 修改 input 为 block 元素,可设置宽高,独占一行 */
49          width: 100px;
50          margin: 10px auto; /* 只有 block 类型才能使用 margin 水平居中 */
51          background-color: #374313;
52          color: white;
53          padding: 5px 0;
54          border-radius: 20px; /* 圆角半径 20px */
55      }
56  </style>
```

在代码第 43 行还出现了一种的新型的 CSS 选择器,叫作 属性选择器 , input[type=radio] 表达的意思是,选择 input 标签的同时要求这个 input 标签的 type 属性必须等于 radio,这就等价于选中单选按钮了。属性选择器大大增加了选取元素的精准度和灵活性,在后续的章节我们还会遇到它,到时会介绍更高级的用法。

案例 058 http://ay8yt.gitee.io/htmlcss/058/index.html,你可以打开网址在线编写并查看结果。

简单总结一下在这个案例中我们所学到的知识,见表 6-2。

表 6-2　知识点总结

知　识　点	具　体　代　码
三种新的表单元素	`<input type="url">`
	`<input type="number">`
	`<input type="email">`
多行文本输入框	`<textarea></textarea>`
输入框的默认提示文字	`<textarea placeholder="请输入简介内容">`
	`<input type="text" placeholder="请输入用户名">`
CSS 圆角	`border-radius: 5px;`

6.3 其他属性 预计完成时间 5 分钟

6.3.1　关于 resize 属性

你是否注意到在多行文本输入框的右下角有一个图标，利用鼠标按住它进行拖拽，就可以任意改变输入框的大小（见图 6-11）。

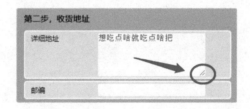

图 6-11　调整文本输入框的大小

如果你不希望它的大小被随意改变，就可以使用 CSS 添加 `resize: none;`。除此之外，你还可以单独设置某个方向的大小调整。例如 `resize: vertical;` 表示只能在垂直方向调整大小；`resize: horizontal;` 表示只能在水平方向调整大小。

6.3.2　关于 outline 属性

当你单击输入框获得焦点的时候，这个输入框就会出现一个黑色的光圈（见图 6-12），也可能蓝色（取决于不同浏览器）。如果你想把它给去掉，需要给输入框增加 `outline:none;` 样式。

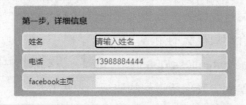

图 6-12　outline 效果

6.4 overflow 的作用 预计完成时间 13 分钟

接下来我们正式学习 overflow 这个属性，它的作用就用来控制超出容器的部分如何处理，分为可见（默认）、隐藏、滚动条三种情况，如图 6-13 所示。

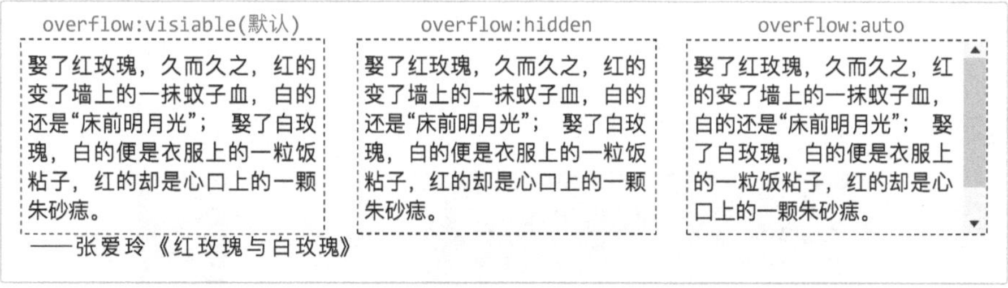

overflow:visiable(默认)
娶了红玫瑰，久而久之，红的变了墙上的一抹蚊子血，白的还是"床前明月光"；娶了白玫瑰，白的便是衣服上的一粒饭粘子，红的却是心口上的一颗朱砂痣。
——张爱玲《红玫瑰与白玫瑰》

overflow:hidden
娶了红玫瑰，久而久之，红的变了墙上的一抹蚊子血，白的还是"床前明月光"；娶了白玫瑰，白的便是衣服上的一粒饭粘子，红的却是心口上的一颗朱砂痣。

overflow:auto
娶了红玫瑰，久而久之，红的变了墙上的一抹蚊子血，白的还是"床前明月光"；娶了白玫瑰，白的便是衣服上的一粒饭粘子，红的却是心口上的一颗朱砂痣。

图 6-13 overflow 的效果

超出的部分可分为水平方向和垂直方向，因此也可以单独进行设置（见图 6-14）。

overflow-x: hidden;
overflow-y: auto;

overflow-x: auto;
overflow-y: hidden;

图 6-14 水平与垂直滚动条

overflow 最大的好处就是可以隐藏那些不想让用户看到的内容（见图 6-15）。

overflow:hidden
人生不就是起起落落

图 6-15 眼见不一定为实

接下来我们完成一个关于 overflow 的案例练习。本案例涉及的知识点包含：margin、float、border-radius、: hover、overflow。

先来看最终效果（见图 6-16），这是静态的样子（图中文字仅供效果展示，无任何引导作用）。

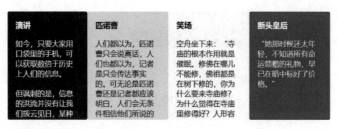

图 6-16　静态效果

当鼠标划入之后，如图 6-17 所示。

图 6-17　鼠标划入效果

HTML 代码结构如下（见图 6-18）。

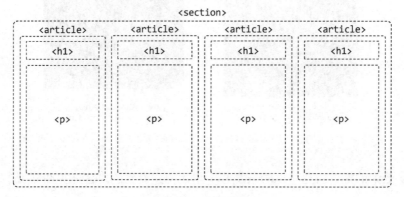

图 6-18　布局分析

本案例中需要实现两个关键效果，当鼠标划入时，首先划入的元素宽度要变大，其次其他的元素宽度变小，关键代码如下。

```
section:hover article {
    width: 100px; /* 当鼠标划入 section,内部所有 article 宽度为 100px * /
}
section article:hover {
    width: 500px;  /* 其中被 hover 的 article 宽度为 500px,覆盖上面的样式 * /
}
```

于是我们得到了如下效果（见图 6-19）。

接下来实现第二个关键效果，在静止状态下，每个 article 容器超出的内容是被隐藏的，而当鼠标 hover 的时候，被 hover 的容器又出现了滚动条，关键代码如下。

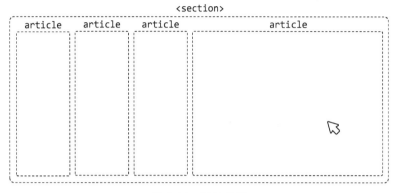

图 6-19　结构分析

```
section article {
    ...
    overflow: hidden; /* 默认隐藏 */
}
section:hover article {
    ...
}
section article:hover {
    ...
    overflow: auto; /* 被 hover 的变为 auto */
}
```

案例 059　http://ay8yt.gitee.io/htmlcss/059/index.html，你可以打开网址在线编写并查看结果。

6.5　适当了解一下 BFC　预计完成时间 11 分钟

这一小节的内容不影响后面的学习和网页编写，学习时间紧张的话完全可以跳过。不过掌握了这些进阶内容，或许能让你做出一些不常见但更有趣的效果。

这是 CSS 当中一个重要的概念，但官方给出的定义似乎很难理解。

什么是 BFC？

浮动，绝对定位元素，非块盒的块容器（例如，inline-blocks、table-cells、table-captions）和 overflow 不为 visible 的块盒会为它们的内容建立一个新的块格式化上下文在一个块格式化上下文中，盒在竖直方向一个接一个地放置，从包含块的顶部开始。两个兄弟盒之间的竖直距离由 margin 属性决定。同一个块格式化上下文中的相邻块级盒之间……

这段官方定义简直让人读不下去，为了避免对新手造成困扰，我们先忽略这个定义，先来看一个场景。想象一下当我们给一个子元素添加上边距 margin-top 会产生怎样的效果（见图 6-20）？

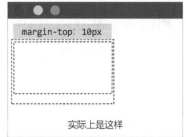

图 6-20　margin-top 的重叠

从最终的效果中可以看到，子元素的 margin-top 越出了父容器的边界，似乎变成了父容器的 margin-top，这似乎有点不合常理对吧？然后你很快会发现，左右边距是正常的，只有上边距才会溢出（见图 6-21）。

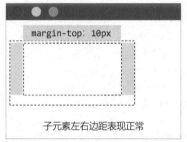

图 6-21　margin-top 的重叠

然而这可不是浏览器的 BUG，这恰恰是 W3C 的规则设定。我们重新查看 BFC 的官方定义，它似乎在描述一个叫作"块格式上下文"的规则，简称 BFC。根据规则描述，当元素触发 BFC 规则后，则会变成一个**"BFC 区域"**。每一个 BFC 区域都是独立的，且不会相互影响。也就是说内部的子元素如果出现了上下边距，边距不会越过父容器，跑到外面去影响别人。而是在内部产生边距。还有更为重要的一点是，一个 BFC 区域在计算高度的时候，会把内部的浮动元素也考虑在内，这样一来无论有多少浮动元素，都不用担心高度塌陷了，如图 6-22 所示。

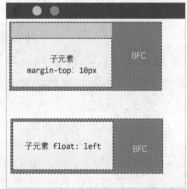

图 6-22　BFC 区域

案例 060 http://ay8yt.gitee.io/htmlcss/060/index.html，你可以打开网址在线编写并查看结果。

如此看来，BFC 还真的是好处多多。那么问题来了？我们怎么才能把一个元素变成 BFC 区域呢？当一个元素被添加如下样式，则元素会变成 BFC 区域。

```
float:left/right;
position:absolute/fixed;
display:inline-block 等（还有 table-cell 等不常见又难以解释的元素类型，为避免给初学者造成困扰，只需掌握 inline-block 即可）;
overflow:auto/hidden;
```

而我们最常用的就是 overflow 属性了，因为无论使用浮动、定位以及改变元素类型都有可能大幅度影响页面的排版布局，而 overflow 属性则没有这方面的问题。还记得我们之前讲清除浮动影响的方法吗？我想你现在应该终于明白，为什么当初要写 overflow:auto; 了吧？其实就是触发了父元素的 BFC 规则，来解决高度塌陷的问题。

知识补给站主要针对一些可能会阻碍你学习的计算机常识进行科普，如果你已经对它们比较了解，完全可以跳过它们。本章涉及的话题包含：

什么是 URL? 程序漏洞为什么叫 BUG?

补给 1：什么是 URL

URL 的全称叫作：Uniform Resource Location，中文含义是统一资源定位。

我们可以从网络上获取的资源，其实不单单只是网页，还有图片、音频、视频、文档、压缩包、各种程序等。如果我们想要准确地在网络上找到这些资源，那么就必须给每一个资源准备一个唯一的可以访问的链接。

准确地说，URL 其实也是一种资源链接的规范标准，它规定了每个资源的链接应该遵守什么样的规则。一个标准的 URL 包括：协议部分、域名、端口、路径（虚拟路径）、携带的参数、哈希值。

好了，我知道你并不想听这些，总之要记住，当我们说 URL 的时候，指的是某种资源地访问地址。例如在编写背景图时所使用过的 background-image: url("imgs/map.png") 当中，就用到了 url 来指定图片路径。

补给 2：程序漏洞为什么叫 BUG

BUG 这个英文单词，本意是指虫子。原本它和计算机的程序漏洞并没有什么关系。

计算机 BUG 一词的创始人，是一位女性科学家，她叫葛丽丝霍普。在 1947 年的 9 月 9 日，霍普正带领她的小组测试一个叫作 Mark Ⅱ 型的计算机。

下午三点左右，Mark Ⅱ 突然死机了。技术人员用了各种办法来排查错误，最后在面板 F 的 70 号继电器中发现了一只被电死的飞蛾尸体，正是它干扰了继电器的工作。霍普用胶带将这只小虫粘贴到了她的日记手册上（见图 6-23），并注明：First actual case of bug being found。

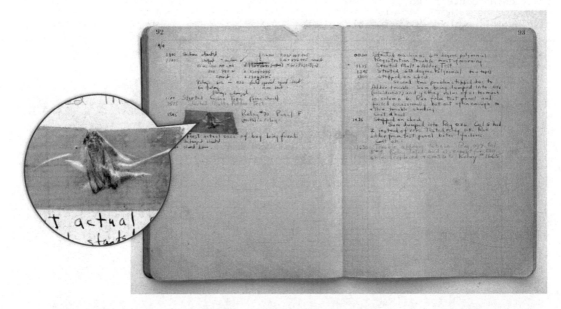

图 6-23　葛丽丝霍普的工作日志

从此以后，人们便把计算机错误称为 BUG，寻找计算机错误的工作称为 DEBUG。图 6-24 所示为 Mark Ⅰ 型计算机。

图 6-24　Mark Ⅰ 型计算机

单词表

英语是不好学但又非常必要的东西，如果你在读代码的过程中感到了吃力，多半是因为单词造成的。这里没有多余单词，只收集本章节当中出现过的。如果忘记了记得随时来翻一翻。

英 文 单 词	音　标	中 文 解 释	编 程 含 义
article	/ˈɑːtɪk(ə)l/	文章、物品	网页正文
section	/ˈsekʃ(ə)n/	部分、部件	段落、区域
aside	/əˈsaɪd/	旁边	旁边
main	/meɪn/	主要的	主要的
box	/bɒks/	盒子	盒子
content	/ˈkɒntent/	内容	内容
email	/ˈiːmeɪl/	电子邮件	电子邮件
number	/ˈnʌmbə(r)/	数字、号码	数字、号码
placeholder	/ˈpleɪshəʊldə(r)/	占位符	占位符
area	/ˈeəriə/	区域	区域

第 7 章　高级选择器与动画

7.1 文件图标的添加 预计完成时间 28 分钟

7.1.1 nth-child(n)

一眨眼的工夫，我们已经来到第 7 章，相信你对网页布局的用法已经越来越熟练，各种样式的细节把握也越来到位了。因此这一小节我继续来讲一些高级技巧。需要再次声明，所谓高级技巧并不是必修科目，即便不学它也不影响你完成自己的个人网站。先来看最终效果，如图 7-1 所示。

从结构上看，此图展示的区域效果应该就是 ul/li 列表 + 超链接的组合。这个效果的关键在于每个列表项最后的图标。因此首先我们需要一张精灵图，把所有不同的图标整合起来。为了待会儿编写 CSS 更加方便，我们需要把 HTML 结构跟图片顺序一一对应，代码如下。

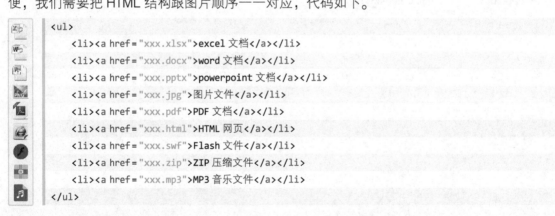

图 7-1　案例效果

```
<ul>
    <li><a href="xxx.xlsx">excel 文档</a></li>
    <li><a href="xxx.docx">word 文档</a></li>
    <li><a href="xxx.pptx">powerpoint 文档</a></li>
    <li><a href="xxx.jpg">图片文件</a></li>
    <li><a href="xxx.pdf">PDF 文档</a></li>
    <li><a href="xxx.html">HTML 网页</a></li>
    <li><a href="xxx.swf">Flash 文件</a></li>
    <li><a href="xxx.zip">ZIP 压缩文件</a></li>
    <li><a href="xxx.mp3">MP3 音乐文件</a></li>
</ul>
```

接下来解析实现思路。

首先要处理超链接，颜色、字号这些就不说了，重点是要改变元素类型，使用 display: inline-block; 变成行内块，才可以方便设置宽高。然后加入背景图，图片在最右侧，因此必须使用 background-position-x: right; 来调整背景图位置，还要设置 padding-right 来预留一些空间显示背景图。

另外，要禁止图片平铺，即 no-reapeat 。最后就是 background-position-y 这个属性，通过不断地调整它的值，使得图标对应在正确的位置上，如图 7-2 所示。

每一个超链接的图标不同，则意味着背景图位置也是不同的。

```
powerpoint文档          background-repeat: no-repeat;
                        background-position-x: right;
                        padding-right: 20px;
                        background-position-y: -47px;
```

图 7-2　背景图的定位

于是，新的选择器就要登场了！

它就是 `:nth-child(n)`，可以选择对应列表中第 *n* 个标签，下面举例说明（见图 7-3）。

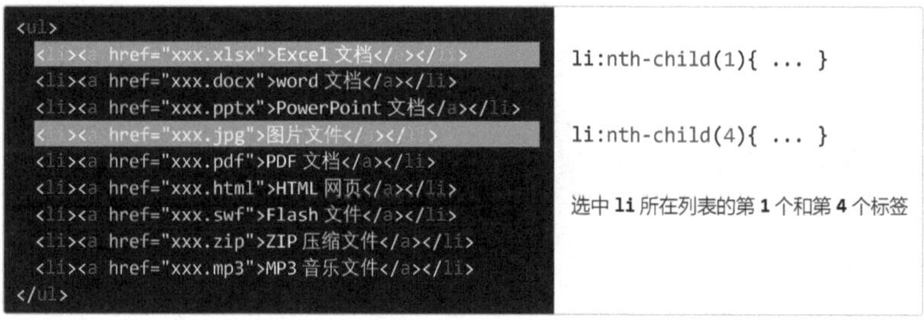

```
<ul>
  <li><a href="xxx.xlsx">Excel 文档</a></li>      li:nth-child(1){ ... }
  <li><a href="xxx.docx">word 文档</a></li>
  <li><a href="xxx.pptx">PowerPoint 文档</a></li>   li:nth-child(4){ ... }
  <li><a href="xxx.jpg">图片文档</a></li>
  <li><a href="xxx.pdf">PDF 文档</a></li>          选中 li 所在列表的第 1 个和第 4 个标签
  <li><a href="xxx.html">HTML 网页</a></li>
  <li><a href="xxx.swf">Flash 文件</a></li>
  <li><a href="xxx.zip">ZIP 压缩文件</a></li>
  <li><a href="xxx.mp3">MP3 音乐文件</a></li>
</ul>
```

图 7-3　nth-child 选择器

有了这样一个选择器，我们就可以方便地给每一个超链接添加不同的样式了，代码如下。

```
<style>
    ...
    ul li a {
        background-image: url(imgs/icons2.png);
        background-repeat: no-repeat;
        padding-right: 37px;
        background-position-x: right;
        display: inline-block;
        height: 45px;
        line-height: 45px;
        font-size: 24px;
        color: #555;
    }
    ul li:nth-child(1) a { background-position-y: 8px; }
    ul li:nth-child(2) a { background-position-y: -34px; }
    ul li:nth-child(3) a { background-position-y: -77px; }
    ul li:nth-child(4) a { background-position-y: -117px; }
    ul li:nth-child(5) a { background-position-y: -161px; }
    ul li:nth-child(6) a { background-position-y: -208px; }
    ul li:nth-child(7) a { background-position-y: -250px; }
    ul li:nth-child(8) a { background-position-y: -292px; }
    ul li:nth-child(9) a { background-position-y: -337px; }
</style>
```

案例 061　http://ay8yt.gitee.io/htmlcss/061/index.html，你可以打开网址在线编写并查看结果。

:nth-child(n) 选择器虽然好用，但也有一个致命的问题，那就是它会严格按照页面元素的顺序匹配。假设 HTML 元素类型不符合预期，则样式不生效。后续的结果全部都会出现偏差。例如，我们只需要给 li 列表中加入一个 br ，**所有的图标都会错位**，如图 7-4 所示。

图 7-4 :nth-child 选择器的缺点

由于第 2 个元素是 br 而不是 li，因此 li:nth-child(2) 样式此时是不生效的，而页面中，第 2 个 li 的顺序变成了 3，因此跟选择器 li:nth-child(3) 进行了匹配，最终导致的结果是后续的图标全部错位。因此，使用这个选择器要格外注意，元素列表必须类型一致，中间不能有"杂质"，那么还有没有更好的方法来避免这个问题呢？

接下来我们的属性选择器又要出场了！

7.1.2 属性选择器

经过观察 案例 061 的 HTML 结构，我们发现每个超链接的地址都会以不同的后缀名结尾，观察下面的代码，会发现每个超链接地址的结尾是不同的。

```html
<ul>
    <li><a href="xxx.xlsx">excel 文档</a></li>
    <li><a href="xxx.docx">word 文档</a></li>
    <li><a href="xxx.pptx">powerpoint 文档</a></li>
    <li><a href="xxx.jpg">图片文件</a></li>
    <li><a href="xxx.pdf">PDF 文档</a></li>
    <li><a href="xxx.html">HTML 网页</a></li>
    <li><a href="xxx.swf">Flash 文件</a></li>
    <li><a href="xxx.zip">ZIP 压缩文件</a></li>
    <li><a href="xxx.mp3">MP3 音乐文件</a></li>
</ul>
```

那我们就可以利用这个特点，用后缀名来选取元素，这样一来就不用依赖它们的书写顺序了。

```css
a[href $ ='.xlsx'] { background-position-y: 8px; }
a[href $ ='.docx'] { background-position-y: -34px; }
```

```
a[href $ ='.pptx'] { background-position-y: -77px; }
a[href $ ='.jpg'] { background-position-y: -117px; }
a[href $ ='.pdf'] { background-position-y: -161px; }
a[href $ ='.html'] { background-position-y: -208px; }
a[href $ ='.swf'] { background-position-y: -250px; }
a[href $ ='.zip'] { background-position-y: -292px; }
a[href $ ='.mp3'] { background-position-y: -337px; }
```

你一定对选择器里这个 $ 符号感到疑惑吧？但我想你也大概猜到了它的含义，选择器所匹配的条件是属性 href 以 **.pptx** 结尾。这样我们就用属性值匹配了对应的元素，不再关心元素的书写顺序了。

案例 062　http://ay8yt.gitee.io/htmlcss/062/index.html，你可以打开网址在线编写并查看结果。

当然，属性选择器的高级用法不止这一种，既然可以匹配以 xx 结尾，那就一定能匹配以 xx 开头，或者匹配包含 xx 内容。简单总结一下属性选择器。

`ele[attr='xx']`	表示 attr 属性值等于 xx 的 ele 元素。
`ele[attr $ ='xx']`	表示 attr 属性值以 xx 结尾的 ele 元素。
`ele[attr^='xx']`	表示 attr 属性值以 xx 开头的 ele 元素。
`ele[attr* ='xx']`	表示 attr 属性值包含 xx 的 ele 元素。

7.1.3　nth-of-type(n)

为了解决选择器 `nth-child` 在列表中有"杂质"时导致的错位匹配问题。CSS 提供了按类型顺序的选择器 `nth-of-type`，它会先挑出所有符合的类型，再进行顺序匹配，排除了列表中"杂质"的干扰，代码如下。

```
<style>
    p:nth-of-type(3) {
        color: orange;
    }
</style>
<body>
    <p>aaaaaa</p>
    <p>aaaaaa</p>
    <div>aaaaaa</div>
    <p>aaaaaa</p> <!-- 第 3 个 p 标签,字体颜色为 orange -->
</body>
```

案例 063　http://ay8yt.gitee.io/htmlcss/063/index.html，你可以打开网址在线编写并查看结果。

7.2　电影 IMDB 排行　预计完成时间 19 分钟

这一小节要完成的案例是一个电影排行榜列表，先看一眼最终效果，如图 7-5 所示。

图 7-5　案例效果

它看起来像一个表格，因此使用 **table** 标签来完成布局最为合适，如图 7-6 所示。

图 7-6　布局分析

在这个案例当中，第一个需要注意的点，表格的颜色是条纹状的，所有的偶数行，都是浅灰色背景。这是如何做到的呢？这里依然要使用选择器 `:nth-child(n)`，但不同的是， n 不再是一个数字，而是一个单词，写法如下。

```
tr:nth-child(even) {
    background: #eee;
}
```

`even` 这个单词表示偶数，也就是说，表格的偶数行，全部都会变成浅灰色。另外，第二个需要注意的地方就是表格的第一行，它的高度和背景色不同于其他行。这里使用选择器 `:first-child` 代表列表中的第一个元素，写法如下。

```
tr:first-child {
    background: #22A4FF;
    height: 40px;
}
```

第三个需要注意的地方，就是评分的五角星图标 ⭐ 的实现，这里使用了精灵图，代码如下。

```
td span {
    display: inline-block;
    width: 18px;
    height: 18px;
    background: url(imgs/star.png);
    background-position-y: -175px;
}
```

案例 064 http://ay8yt.gitee.io/htmlcss/064/index.html，你可以打开网址在线编写并查看结果。

在这个案例中涉及了 **nth-child** 选择器的新用法 `:nth-child(even)`，它表示选择列表中顺序为偶数的元素。对应的，如果选择奇数行，可以使用 `:nth-child(odd)`。

同时，还学习了 `xx:first-child` 这个选择器，它表示选择列表中第一个 xx 类型元素。类型不对则不生效。对应的，如果选择最后一个，可以使用 `xx:last-child`。

我们来简单总结一下。

`xx:nth-child(even)` 匹配所有偶数元素，不符合 xx 类型则无效。

`xx:nth-of-type(even)` 先找到所有 xx 类型元素，然后匹配其中的偶数个。

`xx:nth-child(odd)` 表示匹配所有奇数元素，不符合 xx 类型则无效。

`xx:nth-of-type(odd)` 先找到所有 xx 类型元素，然后匹配其中的奇数个。

（续）

`xx:first-child`	匹配第 1 个元素，不符合 xx 类型则无效。
`xx:first-of-type`	先找到所有 xx 类型元素，然后匹配其中的第 1 个。
`xx:last-child`	匹配最后 1 个元素，不符合 xx 类型则无效。
`xx:last-of-type`	先找到所有 xx 类型元素，然后匹配其中的最后 1 个。

7.3 如何学习不常见的 CSS 选择器 预计完成时间 8 分钟

目前为止，我已经把频率使用较高的选择器都教给你了。当然，还有一些不是特别常见的选择器，像子选择器、兄弟选择器等。这些选择器并没有出现在我们的案例当中。或许，在未来很长一段时间，你不见得会用到它们。但这并不代表它们是完全无用的。那么有人要问：该如何学习这些选择器呢？

实际上，如果你去网络上搜索这些选择器，很难搜到实用性很强的例子，因为它们的出现往往夹杂在复杂的需求当中。所以这就是没有刻意讲给你听的原因，我向来主张知识的必要性。就好像，今天中午吃面条，我不能为了演示勺子的作用，就刻意用勺子吃面条。勺子真正的价值在于喝汤，如果暂时没有汤，那就暂时不要去认识勺子了。

不然，倘若你问起来，为什么要用勺子吃面条？我恐怕无法解释，或只能强行解释。又或者你需要去死记硬背。我认为这样的学习方式是不可取的。

从我的观点来看，不建议你去刻意练习这些不常见的知识。但至少，你应该对 W3C 文档中的选择器有一个大概的了解，记住这些选择器的作用，有一个模糊印象就足够了。将来如果真碰到了相关需求，再来仔细研究也不迟。

好人要做到底，我帮你把这些有用但不那么常见的选择器收集了一下，不用刻意去学习，有个大概印象就好。

`div p`	后代选择器，p 是 div 的后代元素，无论嵌套多少层级。
`div > p`	子选择器，p 必须是 div 的下级元素，不可夸层级。
`div + p`	兄弟选择器，紧跟在 div 后面的 p 元素。
`p[ name ]`	所有带 name 属性的 p 元素，无论 name 值等于多少。
`a:link`	所有未被访问过的超链接。
`a:visited`	所有已经被访问过的超链接。
`input:focus`	所有获取焦点的表单元素。
`p ~ li`	选择 p 元素之后（同级）的所有 li 元素。

（续）

`input:checked` 选择被选中的表单元素（单选、复选）。

`div::selection` 选择 div 中被光标选中的文字内容。

`div:empty` 选择没有任何子元素和内容的空 div。

7.4　一个精致的开关　预计完成时间 48 分钟

7.4.1　阴影的概念

这一小节的案例，是制作一个开关（见图 7-7）。你可能想象不到它是用什么做的，但大概能看得出来，它和复选框作用是类似的，复选框有勾选和取消两种状态。而开关有打开和关闭两种状态。实际上这个开关正是拿复选框改造出来的。接下来，我就带你一步一步地完成这个改造过程。

人类的视觉系统在识别一个物体时靠的是光线的反射。而那些光线照不到的地方就会形成明暗度的对比，也就形成了阴影，如图 7-8 所示。

图 7-7　案例效果　　　　　　　　　　　图 7-8　阴影与反光

光线从不同的地方照射，阴影方向也会跟着改变（见图 7-9）。掌握了这个规律以后，才能做出更加真实的物理效果。

图 7-9　阴影原理

第一步先写出一个复选框，由于要改造复选框的样式，因此去掉复选框的默认外观。我们要使用这样一个 CSS 属性 **appearance: none;** appearance 代表外观的意思，将属性值设为 **none** 表示去掉元素的默认外观。

```
<style>
    #switch-btn {
        appearance: none;
    }
</style>
<body>
    <input id="switch-btn" type="checkbox" />
</body>
```

案例 065 http://ay8yt.gitee.io/htmlcss/065/index.html，你可以打开网址在线编写并查看结果。

接下来给复选框重新设定宽高、边框、圆角、背景等。

```
<style>
    #switch-btn {
        appearance: none;
        width: 170px;
        height: 70px;
        border: 10px solid #c1c1c1;
        border-radius: 50px;
        background: #888;
        outline: none; /* 去掉选中后的高亮显示,同 text 输入框 */
    }
</style>
<body>
    <input id="switch-btn" type="checkbox" />
</body>
```

案例 066 http://ay8yt.gitee.io/htmlcss/066/index.html，你可以打开网址在线编写并查看结果。

7.4.2 伪元素

下面就要添加那个滑动按钮了。滑动按钮跟复选框是一个整体，但是对于复选框来讲，它是单标签结构，`<input/>` 里面已经无法包裹其他元素了，于是我们只能把滑动按钮写到它旁边，类似于下面的代码。

```
<input type="checkbox" />
<div></div>
```

这种 HTML 结构看上去没什么问题，但实际上它无法完成我们想要的效果。要解释这个问题，我们就要重新来分析这个案例结构。整个开关由两部分组成，一个是底部的滑槽，由 input 元素实现，另一个是上面的滑动按钮，由 div 元素实现，效果如图 7-10 所示。

滑动按钮由 div 实现

底部滑槽由 input 实现

图 7-10　结构分析

从图上可以明显地看出，滑动按钮覆盖滑槽上面，并精确停留在滑槽的左侧且垂直居中。与此同时，当开关打开或关闭时，滑动按钮还需要水平改变位置。因此，这里最好的实现方式就是使用定位 position: absolute ，把 input 作为参考系，改变 div 的坐标。

然而尴尬的问题来了，input 是单标签，根本不可能拥有子元素，也根本和 div 没有父子关系，它们是并列元素，因此 div 无法相对于 input 进行定位。这下可怎么办呢？

所以接下来我要隆重介绍一个新的选择器给你，它叫作**伪元素选择器**。写法如同 `xxx::after`，之所以叫伪元素选择器，是因为它匹配的是一个本不存在的元素，会在页面结构中生成一个类似于标签的元素，因此叫作伪元素（见图 7-11）。`::after` 就是生成的伪元素。

```
<style>
    /* 表示#switch-btn 元素内部的末尾,生成一个伪元素 * /
    #switch-btn::after {
        /* 设定伪元素的文本内容,没有该属性伪元素则无效 * /
        content: '';
    }
</style>
<body>
    <input id="switch-btn" type="checkbox" />
</body>
```

图 7-11　伪元素

从浏览器生成的 HTML 结构中可以看到，input 从一个单标签变成了双标签，并且中间还自动生成了一个类似标签的元素 `::after`。接下来我们就要使用新的方案，把这个伪元素改造成滑动按钮，如图 7-12 所示。

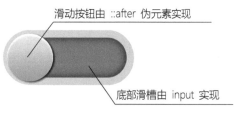

滑动按钮由 ::after 伪元素实现

底部滑槽由 input 实现

图 7-12　结构分析

7.4.3　背景过渡

现在，我们要开始改造这个伪元素了。首先改变它的元素类型为 block（默认为 inline），将它设置为圆形。为了增加真实感，我们需要添加一个由上而下的过渡背景（见图 7-13）。上面的颜色较浅，底部颜色较深。我们需要使用 `linear-gradient` 这样一个方法，可以把背景颜色改为线性渐变。

`linear-gradient` 要设置 3 个参数，第一个参数设定颜色过渡方向，第二个参数为开始位置的颜色，第三个参数为结束位置的颜色，写法如下。

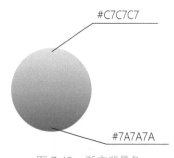

#C7C7C7

#7A7A7A

图 7-13　渐变背景色

```
                      过渡方向    开始颜色    结束颜色
backgroud: linear-gradient( to bottom, #d3d3d3, #9e9e9e );
                          to top
                          to left
                          to right
                          ...
```

接下来还要通过定位，将滑动按钮调整到合适的位置上，CSS 代码如下。

```
#switch-btn {
    appearance: none;
```

```
    width: 170px;
    height: 70px;
    border: 10px solid #c1c1c1;
    border-radius: 50px;
    background: #888;
    outline: none; /* 去掉选中后的高亮显示,同 text 输入框 * /

    position: relative;
}

/* 表示#switch-btn 元素内部的末尾,生成一个伪元素 * /
#switch-btn::after {
    content: ''; /* 设定伪元素的文本内容,没有该属性伪元素则无效 * /
    display: block;
    width: 60px;
    height:60px;
    border-radius: 30px;
    /* 背景色过渡,方向由上至下 * /
    background: linear-gradient(to bottom, #d3d3d3, #9e9e9e);

    position: absolute;
    left:-5px;
    top: -5px;
}
```

案例 067   http://ay8yt.gitee.io/htmlcss/067/index.html，你可以打开网址在线编写并查看结果。

不出意外，你应该已经得到了如下效果（见图 7-14）。

图 7-14　运行效果

7.4.4　盒子阴影

写到这里，案例已经完成一大半了，接下来要开始制作最重要的阴影效果。因此我要再隆重介绍一个 CSS 属性给你，它就是 box-shadow 。

在网页中，实现一个元素的阴影效果的原理是这样的（见图 7-15），首先在元素的底部，画一个和它形状一致的影子。通过对影子的移动来形成阴影效果。通常呢，我们也会对这个影子进行模糊处理，这样看起来就非常真实了。

图 7-15　阴影的原理

box-shadow 属性一共包含六个值，写法如下。

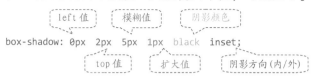

- **left/top 值**：用来设定阴影的坐标，原点在左上角。
- **模糊值**：用来设定阴影的模糊程度，值越大越模糊。
- **扩大值**：阴影大小默认与元素一致，这个值可以扩大阴影的范围，值越大阴影越大。
- **阴影颜色**：阴影的颜色不一定都是黑色，恰当地运用彩色阴影，可以做出好看的霓虹灯效果。
- **阴影的方向**：默认向外，产生突出的立体效果，向内时产生凹陷的立体效果。

接下来通过图 7-16，可以看到各种属性产生的效果图。

图 7-16　box-shadow 属性不同值的效果

接下来我们试着给复选框增加向内的阴影。

```
#switch-btn {
    ...
    box-shadow: 0 0 10px 1px #3f3f3f inset; /* 向内的阴影,模糊值 10px, 向内扩展 1px * /
}
```

然后再来处理滑动按钮。为了表现真实的光影效果，首先需要给按钮顶部增加一个光晕，因此我们添加白色阴影，模糊值为 2px，方向向内，阴影向下移动 2px。

```
#switch-btn::after {
    ...
    box-shadow: 0px 2px 2px 0px #eee inset; /* 向下移动 2px  模糊值 2px  颜色#eee  方向向内 * /
}
```

仔细观察得到的效果（见图 7-17）。

然后，使用逗号隔开，再写第二个阴影，同一个元素是允许多个阴影效果并存的。第二个阴影，颜色为黑色，向右下方倾斜。

```
#switch-btn::after {
    ...
    /* 使用逗号分隔,可以设置多个阴影 * /
    box-shadow: 0px 2px 2px 0px #eee inset, 2px 1px 2px 0px #333;
}
```

再次观察得到的效果（见图 7-18）。

图 7-17　第一个阴影运行效果　　　　图 7-18　第二个阴影运行效果

案例 068 http://ay8yt.gitee.io/htmlcss/068/index.html，你可以打开网址在线编写并查看结果。

7.4.5　复选框的：checked 状态

现在我们要让 checkbox 被选中的时候，开关呈现打开状态。未被选中的时候，呈现关闭状态。所以我再教你一个选择器 :checked ，它表示复选框的选中状态。还记得我们之前学过的 :hover 吗？这两个选择器是类似的，它们都会匹配**某种状态**下的元素。

当开关打开时，滑动按钮移动到最右侧，因此我们需要改变它的 left 值。CSS 代码如下。

```
<style>
    ...
    #switch-btn:checked {
        background: #7FC555; /* 当复选框被选中时,背景色改为绿色 * /
    }
    #switch-btn:checked::after {
        left: 95px; /* 当复选框被选中时,改变它的伪元素 left 坐标  * /
    }
</style>
```

案例 069 http://ay8yt.gitee.io/htmlcss/069/index.html，你可以打开网址在线编写并查看结果。

7.5 过渡效果 预计完成时间 11 分钟

7.5.1　帧和帧率的概念

接下来我们要学习一个更高级的属性，它涉及如何利用 CSS 制作动画效果。这个属性叫作 transition ，它的中文含义叫作过渡，这是我们制作动画效果的一种基本且必要的手段。

在过去很长一段历史中，人们只能看到静态的照片，而没有办法记录动态的图像。世界上第一个视频叫作《朗德海花园场景》（见图 7-19），片长为 2 秒钟，帧率为 25，拍摄于

1888 年，也就是总共拍摄了 50 张图像，每秒记录了 25 张。当我们同样以每秒 25 张的速度来切换图像，画面就动起来了，这就是视频动画的原理。

　　视频中的每一幅图像叫作一帧画面，每秒钟的帧数叫作帧率。当帧率越大时，能捕捉到的画面细节则越多。对比一下 30 帧和 60 帧的画面捕捉，就能明显地看出差别，如图 7-20 所示。

图 7-19　《朗德海花园场景》截图

图 7-20　30 帧率与 60 帧率画面

　　如今，市面上已经拥有了 120 帧率的电影，比如《比利林恩的中场战事》《双子杀手》等。

7.5.2　transition 属性

　　现在让我们回到 案例 069 ，虽然已经完成了最终的开关效果。但我们每次打开或关闭时，开关的变化看起来总是有些突兀。造成这种突兀感的原因，就是因为它缺失了现实世界中事物变化的过程。当我们单击之后，checkbox 被勾选，此时改变了滑动按钮的 left 坐标。现在我们要使用 transition 这个属性，把这个变化的过程补充进来。

```
<style>
    ...
    #switch-btn::after {
        ...
        left:-5px;
        transition: 0.5s; /* 过渡时间 0.5 秒 * /
    }
    #switch-btn:checked::after {
        left: 95px; /* 当复选框被选中时,改变它的伪元素 left 坐标  * /
    }
</style>
```

　　当 checkbox 被勾选时，浏览器会将滑动按钮的 left 值从 -5px 逐步的更改为 95px，这个过程会持续 0.5 秒。也就是说，浏览器相当于在开始和结束两个状态中间，穿插了若干的"帧"，这时我们就能看到按钮的变化过程，动画效果也就出现了。

　　除了滑动按钮的过渡，我们可以把开关的背景颜色变化也增加过渡效果。

```
<style>
    #switch-btn {
        ...
        transition: 0.5s; /* 过渡时间 0.5 秒 * /
    }
```

```
#switch-btn::after {
    ...
    transition: 0.5s; /* 过渡时间 0.5 秒 * /
}
</style>
```

案例 070 http://ay8yt.gitee.io/htmlcss/070/index.html，你可以打开网址在线编写并查看结果。

到这里，这个滑动开关的案例就彻底完成了。我们认识了 **transition** 这个属性，了解了过渡动画的常见用法。过渡属性可以在一些常见属性值发生改变时，产生过渡动画。transition 的完整写法如下。

要过渡的属性　过渡方式

transition: width 1s ease-in 2s ;

过渡时间　　延迟时间

虽然大部分时候你只需要写第 2 个属性，我还是要挨个来解释下其他几个属性的含义。

过渡属性 你可以指定过渡效果针对哪个属性生效，如果不指定，就都生效。

过渡时间 过渡动画的完成时间，单位是秒。

过渡方式 这是重点要介绍的一个属性，它允许你设置过渡动画的快慢过程。

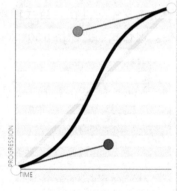

图 7-21 贝塞尔曲线

例如你看左侧这个函数图像（见图 7-21），它是一个三次贝塞尔曲线，如果 X 轴代表时间，Y 轴代表距离，那么这个图表达的就是一个先加速再减速的过程。这就是所谓的过渡方式，写法就像这样：

transition: background 1.5s**cubic-bezier(.59,.15,.4,.85)** 0;

可能有些人读到这里已经开始发懵了，先别着急沮丧，很显然我不会讲这么难且用处不大的东西，这不符合我编写本书的目的。我只是想告诉你，关于 transition 动画，执行快慢的过程完全可以由我们自己调节。如果你想简单一些，浏览器也内置了多个选项供你使用，它们分别是：linear（匀速）、ease（快速启动，缓慢停止）、ease-in（逐渐加速）、ease-out（逐渐减速）、ease-in-out（先加速后减速，不常用，与 ease 视觉上差别不明显）。

延迟时间 指的是过渡动画是否要延迟一段时间再开始。在后续案例中我们会用到延迟的特性。

7.5.3 升级照片墙

掌握了过渡属性的用法，让我们回到 案例 054 来改造一下它。给图片增加过渡属性，来看看效果如何。

```
<style>
    ...
    #box img {
        ...
```

```
        transition: 0.6s;
    }
</style>
```

案例 071　http://ay8yt.gitee.io/htmlcss/071/index.html，你可以打开网址在线编写并查看结果。

7.6　综合练习 预计完成时间 20 分钟

这一小节我们要做一个完整的案例，该案例涉及了之前的多个重点知识，包括 **position** 定位、 **overflow** 内容溢出、 **display** 元素类型、 **transition** 过渡等。先来看一下案例效果（见图 7-22）。

图 7-22　案例效果

案例 072　http://ay8yt.gitee.io/htmlcss/072/index.html，你可以打开网址在线编写并查看结果。

静态图片看不出这个案例效果的炫酷之处，你最好先打开网址，观察一番。

好，现在观察完了，那么你看出这个效果是怎么做的了吗？如果没看出来，也没关系，我把动画的过程截了几张图给你（见图 7-23），原理一目了然，而且实现起来也非常简单。

当鼠标划入 0.01s 时　　　　　当鼠标划入 0.15s 时　　　　　当鼠标划入 0.3s 时

图 7-23　动画过程

每个菜单实际上都有大小，只不过没有添加背景颜色，从直观上我们看不到菜单的大小。所以这里可能需要一点你的想象力。每个菜单都设置了 **overflow: hidden;**，这样我们就可以通过定位的方式，将 4 条线段放在菜单之外隐藏起来。当鼠标划入时，通过改变线段的坐标定位，将它们移动到中心，最后加上 **transition** 过渡，完美的动画就呈现出来了。

HTML 结构代码如下。

```
<nav>
    <a href="#">
        position
        <span class="left-line"></span>
```

```html
        <span class="top-line"></span>
        <span class="right-line"></span>
        <span class="bottom-line"></span>
    </a>
    <a href="#">
        overflow
        <span class="left-line"></span>
        <span class="top-line"></span>
        <span class="right-line"></span>
        <span class="bottom-line"></span>
    </a>
    <a href="#">
        display
        <span class="left-line"></span>
        <span class="top-line"></span>
        <span class="right-line"></span>
        <span class="bottom-line"></span>
    </a>
    <a href="#">
        transition
        <span class="left-line"></span>
        <span class="top-line"></span>
        <span class="right-line"></span>
        <span class="bottom-line"></span>
    </a>
</nav>
```

CSS 代码如下。

```css
<style>
    * {
        margin : 0;
    }

    html {
        height: 100% ;
    }

    body {
        height: 100% ;
        overflow: hidden;
        background-color: #2c3e50;
    }

    nav {
        width: 600px;
        height: 50px;
        margin: 200px auto;
    }
```

```css
nav a {
    display: block;
    float: left;
    font-size: 15px;
    width: 150px;
    height: 50px;
    line-height: 50px;
    text-decoration: none;
    text-align: center;
    color: #fff;
    overflow: hidden; /* 溢出内容隐藏 */
    position: relative; /* 将自己变成参考系 */
}


nav a span[class $ ='line'] { /* 线条的公共样式 */
    background-color: #00ff7f;
    position: absolute;
    display: block;
    transition: 0.3s; /* 线条的变化拥有 0.3s 的过渡 */
}
nav a span.left-line { /* 左线条的默认样式 */
    width: 2px;
    height: 40px;
    left: 25px;
    top: 50px;
}
nav a:hover span.left-line { /* 划入菜单时,改变左线条的 top 值 */
    top: 5px;
}
nav a span.right-line { /* 右线条的默认样式 */
    width: 2px;
    height: 40px;
    right: 25px;
    top: -40px;
}
nav a:hover span.right-line { /* 划入菜单时,改变右线条的 top 值 */
    top: 5px;
}
nav a span.top-line { /* 上线条的默认样式 */
    width: 100px;
    height: 2px;
    left: -100px;
    top: 5px;
}
nav a:hover span.top-line { /* 划入菜单时,改变上线条的 left 值 */
    left: 25px;
}
```

```
nav a span.bottom-line { /* 下线条的默认样式 * /
    width: 100px;
    height: 2px;
    left: 150px;
    bottom: 5px;
}
nav a:hover span.bottom-line { /* 划入菜单时,改变下线条的 left 值 * /
    left: 25px;
}
</style>
```

🔖 动画演示

为了让你能够更多地了解 transition 的过渡效果，这里提供一些常见效果预览。

案例 073 http://ay8yt.gitee.io/htmlcss/073/index.html，你可以打开网址在线编写并查看结果。

案例 074 http://ay8yt.gitee.io/htmlcss/074/index.html，你可以打开网址在线编写并查看结果。

7.7 字体图标 预计完成时间 24 分钟

仔细观察下面这个案例（见图 7-24）。

每个菜单的左侧都有一个小图标，这个案例和之前做过的 案例 061 非常相似，但不同的地方在于，这一次我们没有使用背景图。你看到的这些小图标其实并不是图片，而是一个文字。

是的，你没有看错，它就是一个文字。要理解这件事情，我们还是要从计算机文字的本质上谈起，文字之所以叫文字，是因为它是人类交流的日常工具。对于我们来说，它是有意义的。但是对于计算机来说，它并不能理解文字的含义，更何况全世界有那么多种语言。

当我们写出一个文字的时候，计算机同样需要将这个文字的形状在屏幕上画出来。因此对于计算机来说，无论图片还是文字，本质上都是一个图形而已，没有什么太大的区别（见图 7-25）。

基于这样的原理，文字形状也可以是多种多样的，如图 7-26 所示。

图 7-24　案例效果

图 7-25　文字与图片

图 7-26　不同的字体

随着五花八门的字体变得越来越多，字体的样式也开始朝着奇怪的方向发展。为什么一个文字不可以长得像个图标呢？于是有人就发明了一套这样的字体，如图 7-27 所示。

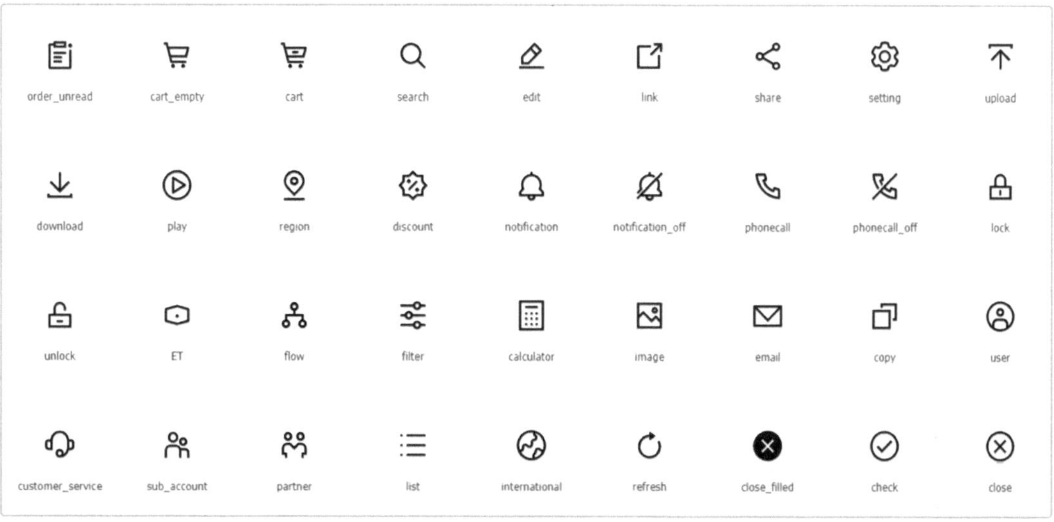

图 7-27　图标形状的字体

至此，字体图标出现了！不过我们要上哪去找这样的特殊字体呢？推荐一个免费网站给大家，网站地址为 http://www.iconfont.cn/。你在这里能下载到各式各样的字体文件。

使用字体图标相比传统图片有一个巨大的好处就是，我们可以通过 `font-size` 和 `color` 轻松改变图标的大小和颜色。

下面，我来讲解一下字体图标的具体用法。

第一步，在网站中搜索你想要的图标，并添加至购物车。

第二步，打开购物车，单击【下载代码】按钮。

第三步，将下载得到的压缩包解压出来，会得到如下这些文件（见图 7-28）。

图 7-28　压缩包中的文件

第四步，打开 `demo_index.html` 说明文档，选择【Font class】模式（见图 7-29）。

第五步，根据文档说明进行使用。鉴于读者第一次接触外部 CSS 文件，这里要详细解释下具体的用法。

首先，你需要找到 `iconfont.css` 和 `iconfont.ttf` 这两个文件，将它们复制到你的代码目录中。这个 iconfont.ttf 就是字体文件了，我们需要的字体就包含在其中。而 iconfont.css

这个文件，看它的扩展名你就能知道，文件的内容是 CSS 样式代码。在之前的学习中，我们一直都是将样式编写在 **style** 标签当中。但是当我们编写了一段 CSS 代码，有人想要复用我们这段样式该怎么办呢？当然，他可以将代码再写一遍。或者我们也可以把样式写在一个 CSS 文件当中。这样其他人想要使用这段样式代码时，他就可以像引用一张图片那样，直接在网页里引用这个 CSS 文件即可。

图 7-29 压缩包中的文件

引用图片使用 **img** 标签，而引用 CSS 文件，使用 **link** 标签，写法如下。

```
<link rel="stylesheet" type="text/css" href="font/iconfont.css" />
```

其中这个 **href** 属性用来指定 CSS 文件的路径。那么准备工作到此结束，我们可以开始动手了。先写出基本结构和样式，以你目前掌握的知识完成这部分工作应该很简单，代码如下。

```
<link rel="stylesheet" type="text/css" href="font/iconfont.css" />
<style>
    * {
        margin: 0;
        padding: 0;
    }
    ul {
        list-style: none;
        color: white;
        background: brown;
        width: 250px;
        margin: 50px;
    }
    ul li:first-child {
        background: red;
    }
    ul li {
        height: 45px;
        line-height: 45px;
        padding-left: 10px;
        font-size: 18px;
```

```
            font-weight: bold;
        }
</style>
<body>
    <ul>
        <li>商品分类</li>
        <li>女装/内衣</li>
        <li>男装/户外运动</li>
        <li>女鞋/男鞋/箱包</li>
        <li>美妆/个人护理</li>
        <li>腕表/眼睛/珠宝首饰</li>
        <li>手机/数码/电脑办公</li>
        <li>母婴玩具</li>
    </ul>
</body>
```

案例 075　http://ay8yt.gitee.io/htmlcss/075/index.html，你可以打开网址在线编写并查看结果。

接下来我们引入字体图标。根据使用文档上的说明，引入一个字体图标的写法如下。

```
<span class="iconfont icon-xxx"></span>
```

我们所书写的这些 class 名称，都已经在 `iconfont.css` 文件中被定义好了。 `icon-xxx` 就代表了你要使用的是哪一个文字，每个文字都有对应的 class 名称，可以在说明文档里找到。最终的完整代码如下。

```
<link rel="stylesheet" type="text/css" href="font/iconfont.css" />
<style>
    * {
        margin: 0;
        padding: 0;
    }
    ul {
        list-style: none;
        color: white;
        background: brown;
        width: 250px;
        margin: 50px;
    }
    ul li:first-child {
        background: red;
    }
    ul li {
        height: 45px;
        line-height: 45px;
        padding-left: 10px;
        font-size: 18px;
        font-weight: bold;
    }
    ul li span.iconfont{
```

```
        padding-right: 10px;
        font-weight: normal;
        font-size: 18px;
    }
</style>
<body>
    <ul>
        <li>
            <span class="iconfont icon-caidan"></span>
            商品分类
        </li>
        <li>
            <span class="iconfont icon-lianyiqun"></span>
            女装/内衣
        </li>
        <li>
            <span class="iconfont icon-nanzhuang"></span>
            男装/户外运动
        </li>
        <li>
            <span class="iconfont icon-nvxie"></span>
            女鞋/男鞋/箱包
        </li>
        <li>
            <span class="iconfont icon-meizhuang"></span>
            美妆/个人护理
        </li>
        <li>
            <span class="iconfont icon-leimucuzhubao"></span>
            腕表/眼睛/珠宝首饰
        </li>
        <li>
            <span class="iconfont icon-shumashouji"></span>
            手机/数码/电脑办公
        </li>
        <li>
            <span class="iconfont icon-muying"></span>
            母婴玩具
        </li>
    </ul>
</body>
```

案例 076 http://ay8yt.gitee.io/htmlcss/076/index.html，你可以打开网址在线编写并查看结果。

恭喜你，已经掌握了字体图标的用法！爱思考的同学可能已经产生了疑问，虽然我们引入了字体文件，可是这些"奇形怪状"的文字，到底是怎么被写在网页里的呢？原理是什么呢？如果你想了解更多，可以在知识补给站的"什么是 Unicode"中找到答案。

知识补给站

知识补给站主要针对一些可能会阻碍你学习的计算机常识进行科普，如果你已经对它们比较了解，完全可以跳过它们。本章涉及的话题包含：

什么是 Unicode?　　计算机为什么采用二进制?　　硬盘为什么会缩水?

补给 1：什么是 Unicode

在字体图标的文档里提供了 3 种使用方法，其中一种叫作 Unicode，那么，你知道什么是 Unicode 吗？它被称为全球统一编码。你可能知道，每一个字符在计算机的内部，都是以二进制进行存储的。二进制也可以转换成人们所熟悉的 10 进制，我们把计算机里所有的英文字符和常见符号，以及其对应的二进制、十进制和十六进制，写成一个表格，见表 7-1。

表 7-1 ASCII 码对照表

Bin（二进制）	Oct（八进制）	Dec（十进制）	Hex（十六进制）	符 号 内 容	解　　　释
. . .	. . .	. . .	. . .	. . .	. . .
0010 0001	041	33	0x21	!	叹号
0010 0010	042	34	0x22	"	双引号
0010 0011	043	35	0x23	#	井号
0010 0100	044	36	0x24	$	美元符
. . .	. . .	. . .	. . .	. . .	. . .
0100 0001	0101	65	0x41	A	大写字母 A
0100 0010	0102	66	0x42	B	大写字母 B
0100 0011	0103	67	0x43	C	大写字母 C
. . .	. . .	. . .	. . .	. . .	. . .
0111 1000	0170	120	0x78	x	小写字母 x
0111 1001	0171	121	0x79	y	小写字母 y
0111 1010	0172	122	0x7A	z	小写字母 z
. . .	. . .	. . .	. . .	. . .	. . .

我们管它叫作 ASCII 码表，（ASCII 读作：阿斯克）。注意它的全称，叫作美国信息互换标准代码，很显然这是美国人发明的，它也只包含英文字母和符号。ASCII 码标准于 1967 第一次发表，该表中一共包含了 128 个字符，它目前也是全球通用的信息交换标准。然而随着计算机的全球普及，128 个字符显然是不能满足非英语国家的需求。于是各个国家都开始在

ASCII 码的基础之上，补充扩展自己的文字符号，我们管它叫作字符集编码。后来的事情，你们可能已经知道了，也就是所谓的乱码问题产生了。

由于各国家在扩展自己的字符集编码时并不会相互商量，因此它们的字符集标准必然是冲突且不兼容的，光是中文字符集就有 GB2312\GBK\GB18030 等多种标准。这严重影响了世界人民的友好交流。比如，当你使用中文字符集输入"你好"二字，发送给一个韩国小朋友时，数据被转换为二进制，被韩国小朋友的计算机接收，韩国小朋友的计算机中使用了韩文字符集，它将二进制还原为韩文。这时就出现了尴尬的结果，对方看不到"你好"这两个中文汉字，只是看到了一些无意义的韩文乱码。

为了解决这个头疼的问题，最终才发明了 Unicode 统一编码。这是个超级字符集，它把全世界所有的文字符号都包含了进来，从此以后，全世界人民都采用同一套信息交换标准，再也不会有乱码出现了。

这和我们的字体图标有啥关系吗？先来看看它的用法（见图 7-30）。

图 7-30　Unicode 用法说明

实际上，当我们把下载来的字体文件引入页面时，就相当于临时性地扩展了 Unicode 编码规范，因此只要你输入正确的 Unicode 编码，就能找到对应的图标符号，并把它显示出来。

讲到这里，就不难理解字体图标的第二种用法 Font Class 了。现在你可以打开 iconfont.css 这个文件，看看里面到底写了什么内容，代码如下。

```
@ font-face { /* 加载字体文件并命名为 iconfont * /
    font-family: "iconfont";
    src: url('iconfont.ttf? t=1587029398873') format('truetype')
}

.iconfont { /* 定义字体的一些基本样式,并使用 iconfont 这个字体 * /
    font-family: "iconfont" ! important;
    font-size: 16px;
    font-style: normal;
    -webkit-font-smoothing: antialiased;
    -moz-osx-font-smoothing: grayscale;
```

```
}

.icon-shumashouji:before { /* 使用伪元素在页面上自动填写 unicode 码 * /
  content: "\3457"; /* unicode 编码 * /
}

.icon-nanzhuang:before {
  content: "\e60e";
}
...
```

Font Class 的使用方式，与 Unicode 使用方式并没有本质差别，最终都是要把符号对应 Unicode 编码写在页面上，以达到显示图标的目的。

字体图标的使用方式除了以上两种，还有一种 Symbol 方式，该方式并不常用，这里不再展开讲解，感兴趣的读者可自行研究。

补给 2：计算机为什么会采用二进制

你可能听说过，世界上第一台通用计算机埃尼阿克（ENIAC）诞生于 1946 年美国的宾夕法尼亚大学。这台计算机是个占地一百多平方米的庞然大物，并且采用十进制。后来，著名数学家约翰·冯·诺依曼发表了著名的《101 页报告》，明确提出了现代计算机的组成结构，它包含运算器、存储器、控制器以及输入输出设备。这也就是你熟悉的 CPU、硬盘、内存、键盘、显示器的最早雏形。同时他也改进了 ENIAC，把十进制最终改为二进制。因此除了图灵之外，我们把约翰·冯·诺依曼也称为计算机之父。

采用二进制的原因，首先是因为物理实现的限制，早期的计算设备和电子元件往往是基于二进制的物理操作。例如，真空管的开关只能表示两个状态（开或关），二进制只涉及两个状态，通常表示为 0 和 1，这对于电子设备的实现非常简单。电子元件可以很容易地区分两个电压水平，例如低电压表示 0，高电压表示 1，从而实现了可靠的通信和存储。

补给 3：硬盘为什么会缩水

不知道你有没有观察到一个现象——买来的硬盘经常会缩水。500GB 的硬盘，计算机上显示大约只有 465GB，这是为什么呢？是遇到黑心厂商了吗？其实并不是的。

计算机的最小单位是字节（Byte），也就是 8 个二进制位数，前文已经提到过。由于计算机为二进制，因此按照 2 的倍数来制定大小规范是最方便的。因此在计算机当中，1024 个字节（$1024 = 2^{10}$）等于 1KB，1024KB 等于 1MB，1024MB 等于 1GB，1024GB 等于 1TB。

但硬件厂商的算法不同，他们采用 1000 为基数，即 1KB = 1000 字节，1MB = 1000KB，1GB = 1000MB，以此类推。因此，当你买了一个 500GB 的硬盘，在操作系统中采用 1024 进行计算之后，就会变成 465GB 了。

📘 单词表

　　英语是不好学但又非常必要的东西，如果你在读代码的过程中感到了吃力，多半是因为单词造成的。这里没有多余单词，只收集本章节当中出现过的。如果忘记了记得随时来翻一翻。

英 文 单 词	音　　标	中 文 解 释	编 程 含 义
icon	/ˈaɪkɒn/	图标、偶像、代表	图标
child	/tʃaɪld/	儿童、孩子	子元素
first	/fɜːst/	第一位、首先	第一位
even	/ˈiːv(ə)n/	平坦、平静、偶数的	偶数的
odd	/ɒd/	奇怪、偶尔、奇数的	奇数的
appearance	/əˈpɪərəns/	演出、到场、外观	外观
linear	/ˈlɪniə(r)/	线性的	线性的
gradient	/ˈɡreɪdiənt/	坡度、梯度	梯度
shadow	/ˈʃædəʊ/	阴影	阴影
inset	/ˈɪnset/	嵌入物	嵌入、向内
checked	/tʃekt/	检查	（复选框）选中的
transition	/trænˈzɪʃ(ə)n/	过渡、转变	过渡

第 8 章　变形与 3D

8.1　元素也能变形　`预计完成时间 35 分钟`

　　本章的内容属于高级的动画进阶功能，其中包含了帧动画以及 3D 效果等。这些内容可能在你接下来要完成的个人网站中暂时用不上，如果精力和时间有限，那么可以暂时先跳过这一章。

8.1.1　定位与过渡的结合

　　让我们先来复习一下 position 定位的使用，并结合 transition 过渡，来完成下面的练习。由于接下来的案例动画效果较多，静态图片难以展现原理。因此我将最终案例链接贴出来，**请你务必先仔细观察这个动画。接下来的讲解，我默认你已经清楚动画发生了什么。**

　　`案例 077`　http://ay8yt.gitee.io/htmlcss/077/index.html，你可以打开网址在线编写并查看结果。

　　这个案例的思路并不复杂，就是利用 hover 触发动画，三行文字由左向右滑动出来。对于这三行文字，必然要使用定位的方式。同时给父元素增加 overflow:hidden; 。当然，别忘了增加 transition 过渡，实现代码如下。

```
<style>
    * {
        margin: 0; padding: 0;
    }
    .box {
        position: relative;
        width: 300px;
        height: 350px;
        margin: 100px 200px;
        overflow: hidden;
        background: url('imgs/Taylor.png');
        background-size: cover; /* 控制背景图尺寸,使其覆盖(cover)整个元素 */
        color: white;
    }
    .box p {
        position: absolute;
        transition: 0.6s; /* 过渡时间 0.6 秒 */
    }
    .box h2 {
        position: absolute;
```

```
        left: 10px; top: 250px;
    }
    .box .p1 {
        left: -150px; top: 140px;
    }
    .box .p2 {
        left: -110px; top: 180px;
        transition-delay: 0.1s; /* 过渡动画延迟 0.1 秒发生 * /
    }
    .box .p3 {
        left: -100px; top: 220px;
        transition-delay: 0.2s; /* 过渡动画延迟 0.2 秒发生 * /
    }
    .box:hover p {
        left: 10px;
    }
</style>
<body>
    <div class="box">
        <h2>Taylor Swift</h2>
        <p class="p1">Birthday:1989.12.13</p>
        <p class="p2">Height:180cm</p>
        <p class="p3">Weight:56kg</p>
    </div>
</body>
```

在以上代码中有以下两个属性我们第一次用到，需要额外解释一下。

1. background-size

当背景图原本大小与元素不一致时，就可以利用这个属性来修改背景图的大小，它有以下三个属性值。

- background-size: auto; 默认值，背景图会保持原图大小（见图 8-1）。
- background-size: contain; 背景图大小会被等比缩放，直到长边完全被显示。在这种模式下，但短边方向可能产生空白（见图 8-2）。

图 8-1　背景图保持原图大小　　　图 8-2　图片完全显示（短边可能产生空白）

- `background-size: cover;` 背景图大小会被等比缩放，直到完全覆盖元素。在这种模式下，图片可能会被裁切（见图8-3）。

举个例子，`background-size: 100% 200px;` 含义为背景图宽度为元素的100%，高度为200px。这种写法用得比较少，因为图片不会等比缩放，容易产生变形（见图8-4）。

图 8-3　图片完全覆盖元素（可能会被裁切）　　　图 8-4　精确设定图片宽高（可能产生变形）

2. transition-delay

这个属性用来设定过渡动画的延迟时间，在这个案例中它发挥了很重要的作用。当鼠标hover 时，三行文字依次从左侧滑出，靠的就是延迟带来的效果（见图8-5）。

图 8-5　案例效果

至此，我们已经顺利地完成了这个案例。通过这例子还学习了 `background-size` 、`transition-delay` 这两个属性。

8.1.2　位移

接下来我们要学习 `transform` 属性，该单词表示变形的意思。这种变形虽然没有电影特效那么夸张，但是熟练运用 transform 也能给网页带来不少丰富的动画效果。transform 有三种变形效果，其中之一就是**位移**，写法如下。

`transform: translateX(10px) translateY(20px) translateZ(20px);`

`translate` 表示位移的意思，可以指定大小。位移可以让元素产生 X 轴、Y 轴、Z 轴三个方向的移动，这种移动是以元素本身为中心点的。类似于相对定位 `position: relative`。因此，`tranform: translate` 是定位的一种替换方案，它比定位的动画性能更好，同时由于

增加了 **Z 轴**的移动，从而可以完成一些 3D 效果。

下面我们用一个典型的例子来认识下**位移**，依然还是先观察最终效果。

案例 078　http://ay8yt.gitee.io/htmlcss/078/index.html，你可以打开网址在线编写并查看结果。

在这个案例中使用绝对定位是不合适的，因为所有元素都是相对于自己的位置发生了偏移。因此，我们可以尝试用 transform 中的位移来完成这个效果。

◀HTML 代码部分如下。▶

```
<body>
    <ul class="box">
        <li>Do</li>
        <li>Re</li>
        <li>Mi</li>
        <li>Fa</li>
        <li>Sol</li>
        <li>La</li>
        <li>Si</li>
    </ul>
</body>
```

◀CSS 代码部分如下。▶

```
<style>
    ...
    .box li {
        ...
        transition: 0.25s;
    }
    .box li:hover {
        color: #fff;
        transform: translateY(-30px); /* 向上偏移 30px */
    }
    ...
</style>
```

当然，你也可以采用相对定位的方式来实现，不过我们不推荐这种写法，并且它的写法也会更加麻烦，相对定位的写法如下。

```
.box li {
    ...
    transition: 0.25s;
    position: relative;
    top: 0; /* 使用相对定位,top 必须有初始值,否则 transition 不生效 */
}
.box li:hover {
    ...
    top: -30px;
}
```

8. 1. 3　缩放

缩放即放大和缩小，使用 scale 来指定大小的倍数，写法如 transform: scale(1.2);。

其中，**scale** 是比例的意思，这表示元素会被放大 1.2 倍。如果位移和缩放效果想要并存，使用空格分开它们即可，写法如 transform: translateX(20px) translateY(-10px) scale(1.2);。

下面我们依然通过一个典型的例子来认识**变形**中的**缩放**，先观察最终效果。

案例 079　http://ay8yt.gitee.io/htmlcss/079/index.html，你可以打开网址在线编写并查看结果。

案例当中有个两个 hover 效果：一个是划入卡片时，卡片出现的阴影；另一个是划入图片时，图片被放大，核心代码如下。

```
<style>
    .card {
        ...
        transition: 0.4s; /* 使得阴影变化有过渡 */
        overflow: hidden; /* 触发 BFC 规则,变成独立区域 */
    }
    .card:hover {
        box-shadow: 0 0 0 1px #ddd, 0 0 10px #ccc; /* 卡片阴影 */
    }
    .card img {
        display: block; /* 改变图片类型,使得 margin 生效 */
        margin: 40px auto 40px;
        transition: 0.6s; /* 使得缩放有过渡 */
    }
    .card img:hover {
        transform: scale(1.4); /* 缩放为 1.4 倍 */
    }
    ...
</style>
<body>
    <div class="card">
        <img src="imgs/table.jpg" width="150" height="150">
        <p class="info">
            艺可恩白色电脑桌台式书桌学习桌游戏直播桌子家用女生
        </p>
        <p class="mod_price">
            ￥<span class="price">236.</span>60
        </p>
    </div>
</body>
```

对于缩放（scale）来说，元素默认是以自身中心为原点的（见图 8-6）。

不过有时候你可能需要更换缩放的原点，这个时候就需要用到 **transform-origin** 属性，该属性可以直接设置原点的位置（见图 8-7）。

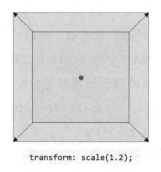

transform: scale(1.2);

图 8-6　以中心为原点进行放大

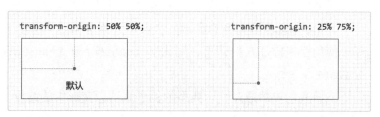

图 8-7　设定原点位置

`transform-origin: 50% 50%；`两个参数值分别表示缩放原点的 left 和 top 值，和定位有点类似。图 8-8 列举了几个典型的更改原点后的缩放示例，白色的虚线框表示缩放之前的图片位置。

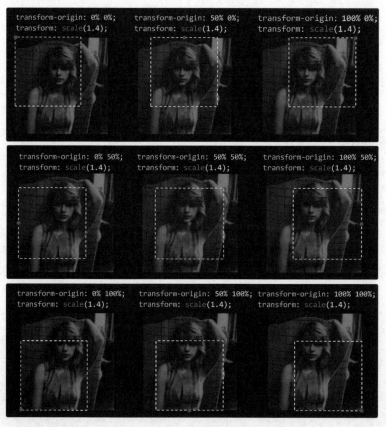

图 8-8　缩放示例

8. 1. 4　旋转

接下来说旋转效果，旋转拥有 X、Y、Z 三种方向，写法如下。

```
transform: rotateX / rotateY / rotateZ;
```

案例 080　http://ay8yt.gitee.io/htmlcss/080/index.html，你可以打开网址在线编写并查看结果。

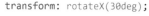

rotateX(30deg) 为沿 X 轴旋转。想象一条从左至右穿过图像的 X 轴线，然后以此轴线为中心，角度为正，则顺时针旋转，角度为负，则逆时针旋转。其中 deg 为单位，代表角度，如图 8-9 所示。

图 8-9　沿 X 轴旋转

rotateY(30deg) 为沿 Y 轴旋转。想象一条从上至下的 Y 轴线，然后以此轴线为中心，角度为正，则顺时针旋转，角度为负，则逆时针旋转。其中 deg 为单位，代表角度，如图 8-10 所示。

rotateZ(30deg) 为沿 Z 轴旋转。想象一条与图片正面垂直的轴线，然后以此轴线为中心，角度为正，则顺时针旋转，角度为负，则逆时针旋转。其中 deg 为单位，代表角度，如图 8-11 所示。

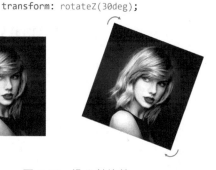

图 8-10　沿 Y 轴旋转　　　　　　图 8-11　沿 Z 轴旋转

在观察 案例 080 时，你可能会注意到 rotateX 和 rotateY 的效果跟预期有些许不同，似乎缺少了一些立体感。关于这个问题，我们会在 8.2 小节的透视中讲到。

8.1.5　综合练习

我们对 案例 077 进行改造，将位移、旋转、缩放效果都融合进来。

```
<style>
    * {
        margin: 0; padding: 0;
    }
    .box {
        position: relative;
        width: 300px; height: 300px;
        margin: 100px 200px;
        overflow: hidden;
    }
```

```css
    .box img {
        width: 300px; height: 300px;
        transition: 2s;
    }

    .box * {
        transition: 1s;
        position: absolute;
        left: 0px; top:  0px;
    }
    .box h2 {
        color: white; width: 200px;
        transform: translateX(10px) translateY(250px);
    }
    .box p {
        color: white;
    }

    /* 三行文字默认偏移位置,过渡延迟 * /
    .box p:nth-of-type(1) {
        transform: translateY(140px) translateX(-150px);
    }
    .box p:nth-of-type(2) {
        transform: translateY(180px) translateX(-110px);
        transition: 1s 0.1s;
    }
    .box p:nth-of-type(3) {
        transform: translateY(220px) translateX(-100px);
        transition: 1s 0.2s;
    }

    /* hover 时,三行文字偏移位置 * /
    .box:hover p:nth-of-type(1) {
        transform: translateY(140px) translateX(10px);
    }
    .box:hover p:nth-of-type(2) {
        transform: translateY(180px) translateX(10px);
    }
    .box:hover p:nth-of-type(3) {
        transform: translateY(220px) translateX(10px);;
    }

    /* hover 时,图片逆时针旋转 15 度,同时放大 1.3 倍 * /
    .box:hover img {
        transform: scale(1.3) rotateZ(-15deg);
    }
</style>
```

```
<body>
    <div class="box">
        <img src="imgs/Taylor.png">
        <h2>Taylor Swift</h2>
        <p class="p1">Birthday:1989.12.13</p>
        <p class="p2">Height:180cm</p>
        <p class="p3">Weight:56kg</p>
    </div>
</body>
```

案例 081 http://ay8yt.gitee.io/htmlcss/081/index.html，你可以打开网址在线编写并查看结果。

注意，在这个案例中将背景图换成了 img 标签，并且调整了布局方式，因为 transform 对背景图是无效的。

8.2 高级扩展 预计完成时间 41 分钟

接下来的内容，难度将进一步加大，建议读者在对前面所学知识充分练习并掌握后，再来学习本小节内容。

8.2.1　透视与 3D 效果

首先来观察一个例子，假如我们有这样一张图片，如图 8-12 所示。

接下来，我们给图片添加 X 轴的 45 度旋转，不过我们所期望的效果跟实际效果会有所差别（图 8-13）。

图 8-12　案例效果

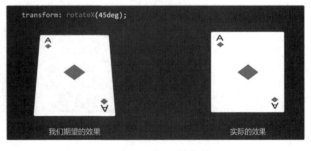

图 8-13　沿 X 轴旋转

造成这个现象的原因，主要是因为缺少了透视的因素。所以接下来，我必须要跟你来解释一下什么叫作**透视**了。

当我们在观察一个物体的时候，所谓的立体感，除了阴影这个重要的因素之外，还有一个更重的因素，那就是画面上所有的东西，都是近大远小的。如果你仔细去测量这个长方体，在平面的视觉上，两个本应该一样长的边，其实差了很多（见图 8-14）。

人类在观察物体的时候，光线都是通过瞳孔照射进来，最终在视网膜上呈现出一个图像，如图 8-15 所示。

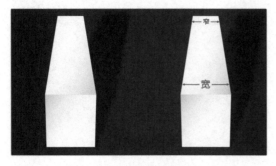

图 8-14　透视效果

图 8-15　小孔成像

　　还记得小时候学的小孔成像原理吗？当我们的眼睛靠近物体进行观察时，视网膜上所生成的图像则会变大；反之，当距离较远时观察物体，视网膜上所生成的图像则会变小（见图 8-16）。

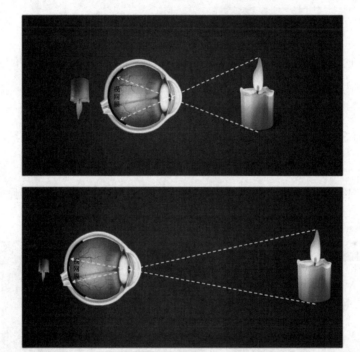

图 8-16　小孔成像近大远小

　　回忆一下刚才分析的 CSS 属性，因为我们只告诉浏览器要旋转多少度，却没有告诉浏览器观察距离是多少，所以浏览器没有办法做出透视的效果。那么我接下来要介绍 perspective 这个方法，简单地说，就是设定观察距离。注意 perspective 必须写在最开始的位置，否则在 Chrome 浏览器中可能无法生效。另外，不要把观察距离设置得太小，容易导致"近视"。

观察距离必须写在前面

```
transform: perspective(1000px) rotateY(30deg);
```

回到这个案例，把观察距离加上后就会出现透视效果了。

```
<style>
    body {
        text-align: center;
        overflow: hidden;
    }
    .poker {
        transition: 1s;
        box-shadow: 0 0 13px 0 #777;
        border-radius: 5px;
        margin: 200px;
    }
    .poker:hover {
        transform: perspective(2000px) rotateY(30deg);
    }
</style>
<body>
    <img class="poker" src="imgs/poker.png" >
</body>
```

案例 082　http://ay8yt.gitee.io/htmlcss/082/index.html，你可以打开网址在线编写并查看结果。

以上所介绍的是单个元素的 3D 透视。当你有一堆元素需要添加 3D 透视的时候，可以直接给它们公共的父元素添加观察距离。但是要注意视角不同带来的差异问题。

举例说明，比如下面这个案例，我给父元素添加了透视距离，同时让每个图片都沿着 Y 轴旋转了 45 度。可是你发现，每张图片的显示似乎都不太一样，如图 8-17 所示。

图 8-17　案例效果

因为给父元素添加透视距离时，把父元素当成一个整体去看了，视觉观察点是父元素的正中心。这时每张图片看过去的角度就不同了，自然就产生了差异，如图 8-18 所示。

如果给每张图片单独添加观察距离的话，它们的观察距离相等，角度也相同，自然就没有差别了，如图 8-19 所示。

给父元素添加观察距离的做法，更加模拟贴近人们现实当中对事物的观察，真实感显得更强。如果你不太喜欢这种效果，那还是慎重使用吧。

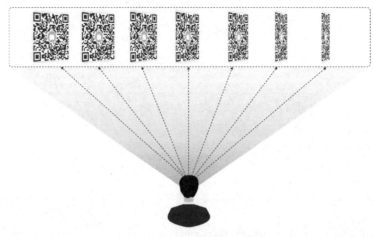

图 8-18　透视原理

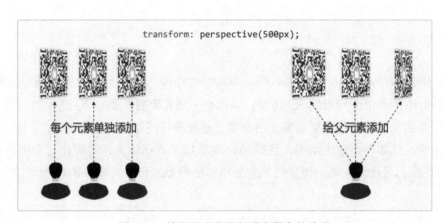

图 8-19　给不同元素添加观察距离的效果

8.2.2　3D 翻转菜单

此案例对于个人的空间想象力要求较高，有条件的读者建议使用扑克牌来辅助思考。

案例 083　http://ay8yt.gitee.io/htmlcss/083/index.html，你可以打开网址在线编写并查看结果。

我们旋转一下镜头，就能看到动画的实际过程是怎样的，如图 8-20 所示。

图 8-20　动画效果

在脑中想象这个画面应该不算很难，难的是代码实现的过程。接下来我们先写出它的 HTML 代码结构。

```html
<ul class="menu">
    <li>
        <a href="/" class="three-d-box">
            <span class="front">首页</span>
            <span class="back">首页</span>
        </a>
    </li>
    <li>
        <a href="/" class="three-d-box">
            <span class="front">简介</span>
            <span class="back">简介</span>
        </a>
    </li>
    <li>
        <a href="/" class="three-d-box">
            <span class="front">履历</span>
            <span class="back">履历</span>
        </a>
    </li>
    <li>
        <a href="/" class="three-d-box">
            <span class="front">作品</span>
            <span class="back">作品</span>
        </a>
    </li>
</ul>
```

第一步，我们要使用 float 进行布局，把超链接和 span 都变成 block 元素，然后利用定位将两个 span 重叠起来。CSS 代码如下。

```css
<style>
    html {
        background-color: #8080aa;
    }
    .menu {
        list-style: none;
        padding: 0;
        width: 400px;
        height: 50px;
        margin: 150px auto;
        box-shadow: 1px 2px 13px 0 #313131;
    }
    .menu li {
        float: left;
        width: 100px;
        height: 50px;
    }
    .three-d-box {
        display: block;
```

```
        width: 100px;
        height: 50px;
        position: relative;
        font-size: 22px;
        font-weight: bold;
        text-decoration: none;
        color: white;
        transition: 0.3s;
    }
    .front {
        background-color: #434343;
    }
    .back {
        background-color: #f40;
    }
    .front, .back {
        display: block;
        width: 100px;
        height: 50px;
        text-align: center;
        line-height: 50px;
        position: absolute;
        left: 0;
        top: 0;
    }
</style>
```

第二步，开始完成 3D 变形的部分。

首先找到 `span.back` 这个元素（即红色背景的菜单），将它沿着 X 轴旋转 90 度直接"躺平"。此时两个 span 呈现十字交叉的状态，如图 8-21 所示。

接下来，将 `span.front` 元素（即黑色背景的菜单）沿着 Z 轴向前移动（见图 8-22）。

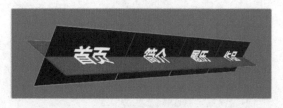

图 8-21 两个 span 呈十字交叉状态

图 8-22 黑色背景菜单沿 Z 轴移动

然后，将 `span.back` 元素向上移动。这是本案例最关键的一步，我必须在这里问你一个问题：此时，元素的 Z 轴在哪里？请认真思考后再回答。

实际上 Z 轴已经不在原来的方向了，由于我们把 `span.back` 元素沿 X 轴进行了 90 度旋转，此时元素的正面朝上，即 Z 轴也朝上了！那么现在要向上移动这个元素，应该增加 Z 轴距离即可，如图 8-23 所示。

根据上面的分析过程，CSS 部分代码如下。

图 8-23　向上移动红色背景菜单

```css
.front {
    ...
    transform: translateZ(25px);
}
.back {
    ...
    transform: rotateX(90deg) translateZ(25px);
}
```

最后我们来添加 hover 效果，当鼠标悬停菜单时如何让两个菜单作为一个整体旋转呢？通过对 HTML 结构进行分析可以得知，两个 span 菜单拥有共同的父元素 **a.three-d-box**，因此我们只需要旋转父元素是不是就可以了？于是 CSS 代码如下。

```css
.three-d-box:hover {
    transform: rotateX(-90deg);
}
```

不过很可惜，实际效果未能达到我们的期望。你可以直接查看这个案例来感受一下。

案例 084　http://ay8yt.gitee.io/htmlcss/084/index.html，你可以打开网址在线编写并查看结果。

而造成这个现象的原因嘛，大概是如下这样的。

- 这是一个立方体（见图 8-24），虽然画面的立体感非常强，但是它终究是一张纸、一个平面。
- 当我旋转的时候（见图 8-25），整张纸做旋转就是我们刚才看到的效果。

图 8-24　二维中的立体效果

图 8-25　二维的旋转

也就是说，旋转一张（二维的）纸，是不可能让画里的魔方进行 3D 旋转的。除非我们能把这张纸变成 3D 空间，这样接下来再转动，才可以保持 3D 效果。要想做到这一点，我们只需要给这张纸（也就是父元素）添加 **transform-style** 属性。属性的值等于 **preserve-3d**。

修改 案例 084 ，添加如下代码。

```
.three-d-box {
    ...
    transform-style: preserve-3d;
}
```

8.2.3　自定义帧动画

来，老规矩，先上案例。

案例 085　http://ay8yt.gitee.io/htmlcss/085/index.html，你可以打开网址在线编写并查看结果。

　　动画中这颗小心脏的跳动，并不需要鼠标划入来触发动画，它在不断地周期运行。这个动画的实现原理大概如下。整个动画的完成时间为 1.5s，然后，在时间进度 30% 的时候，我希望心的形状达到最大。想象整个过程如果有若干帧画面的话，30% 这个节点，就是非常关键的地方了。我们把这一帧画面，就称之为叫作关键帧，如图 8-26 所示。

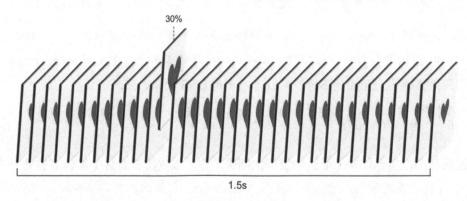

图 8-26　关键帧

　　接下来我教你如何一步步地制作这个动画。

　　首先要引入一个新的语法 @ keyframe ，这个单词的意思就叫作**关键帧**。我们要写出所有关键帧的效果，就完成了一个动画过程的定义，写法如下。

```
                动画名称
@keyframe  beat  {
    /* 0%处默认省略，表示一开始保持原状即可 */
    30%: {
        transform: scale(1.3);
    }               时间进度 30%处的关键帧，元素放大 1.3 倍
    100%: {
        transform: scale(1);
    }
                    时间进度 100%处的关键帧，元素正常大小
}
```

　　代码中我只定义了 30% 和 100%，现在就做好了一个动画过程，包含 0% 处正常大小，30% 处放大 1.3 倍，100% 处正常大小 3 个关键帧。接下来就是使用这个动画了，你想把这个

动画施加给哪个对象，就给其添加 animation，写法如下。

```
span.heart {
    animation: beat 1.5s infinites;
}
```

动画时长

动画名称　　无限循环

接下来，浏览器会根据我们所定义的关键帧执行一个**过渡动画**，用时 1.5 秒。最后一个单词 infinite 本意是无限，这里表示动画无限循环的意思。如果不加这个参数，动画执行一次就会结束了，核心代码如下。

```html
<style>
    body {
        padding: 100px;
    }
    span {
        display: inline-block;
    }
    .heart-left, .heart-right {
        width: 50px; height: 80px; background-color: red;
        border-top-left-radius: 25px; border-top-right-radius: 25px;
    }
    .heart-left {
        transform: rotateZ(-45deg);
    }
    .heart-right {
        transform: translateX(-28px) rotateZ(45deg);
    }
    .heart {
        animation: beat 1.5s infinite;
    }
    @ keyframes beat {
        30%  {transform: scale(1.3); }
        100% {transform: scale(1); }
    }
</style>
<body>
    <span class="heart">
        <span class="heart-left"></span><span class="heart-right"></span>
    </span>
    <p style="margin-left: -20px; margin-top: 30px;">跳动的小心脏</p>
</body>
```

📕 单词表

英语是不好学但又非常必要的东西，如果你在读代码的过程中感到了吃力，多半是因为单词造成的。这里没有多余单词，只收集本章节当中出现过的。如果忘记了记得随时来翻一翻。

英 文 单 词	音 标	中 文 解 释	编 程 含 义
contain	/kənˈteɪn/	包含	包含
cover	/ˈkʌvə(r)/	覆盖	覆盖
delay	/dɪˈleɪ/	推迟、延迟	延迟
transform	/trænsˈfɔːm/	使变形、转换规则	变形
translate	/trænzˈleɪt/	翻译、转换	（位置）转换
scale	/skeɪl/	天平、尺度、比例	比例
rotate	/rəʊˈteɪt/	旋转	旋转
origin	/ˈɒrɪdʒɪn/	起源、原点	原点
perspective	/pəˈspektɪv/	视角、透视的	透视关系
preserve	/prɪˈzɜːv/	保持、维护	保持

第 9 章　移动端布局

9.1 什么叫响应式网页 预计完成时间 25 分钟

9.1.1 响应式网页布局

所谓响应式网页，是在移动互联网快速发展之后才出现的。今天的上网设备变得越来越丰富，包含手机、Pad（平板电脑，简称平板）、PC 等各种计算机终端设备。随着触屏的技术发展，屏幕尺寸更加不受限制，大到一台电视，小到一块手表，都可以成为显示器。那么问题来了，传统的 PC 网页，放在各种不同大小尺寸的屏幕上，还能正常显示吗？为了解决这个问题，才有了所谓的响应式网页。图 9-1 展示了同一个网页利用响应式技术在不同设备上的展示情况。

手机　　　　Pad　　　　　　　　　　PC

图 9-1　响应式网页

当我们在编写网页的时候，需要考虑一个网页可能出现在笔记本、平板以及手机等各种屏幕尺寸上。因此，我们会把网页写出三种布局方式，然后根据分辨率不同，从大型尺寸、到中型尺寸、再到移动端尺寸，使得网页可以随着屏幕大小的变化而做出不同的响应。

这就叫作**响应式网页**。听起来挺高级的吧？其实，它一点都不难。

接下来我们举个例子。

案例 086 http://ay8yt.gitee.io/htmlcss/086/index.html，你可以打开网址在线编写并查看结果。

首先，请你先将网页最大化后查看效果，如图 9-2 所示。

然后使用鼠标拖拽改变浏览器窗口的大小，观察网页的变化。当屏幕尺寸小于 1024 像素（px），页面上的列表元素从一行 5 个变成了一行 4 个，如图 9-3 所示。

图 9-2 网页最大化效果

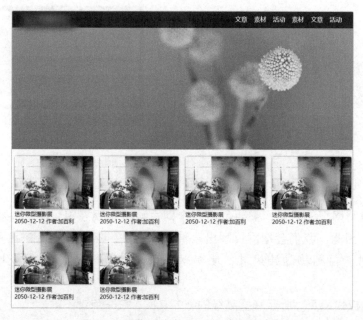

图 9-3 屏幕尺寸小于 1024 像素的效果

继续缩小，当屏幕尺寸小于 768 像素，页面上的列表元素从一行 4 个变成了一行 3 个。同时，顶部导航的菜单消失了，右上角出现了一个菜单按钮 menu 。鼠标划到 menu 上面的时候，导航菜单会以下拉的形式出现，如图 9-4 所示。

最终，当屏幕尺寸小于 640 像素时，页面上的列表从一行 3 个变成了一行 2 个，如图 9-5 所示。

图 9-4　屏幕尺寸小于 768 像素的效果　　　图 9-5　屏幕尺寸小于 640 像素的案例效果

9.1.2　媒介查询

想要做出这个效果，你只需要掌握一个新的 CSS 写法，叫作媒介（或多媒体）查询，语法如下。

```
@media screen and (max-width:1024px) {
    ......
}
```
该样式在 1024px 尺寸以内生效

英文单词 `media` 表示**媒介**，也就是说，你的网页可能出现在不同设备的浏览器上。`screen` 表示屏幕，在这里说的是窗口大小。这段代码的大概意思就是：当你的浏览器窗口大小不超过 **1024px** 这个宽度时，该样式则会生效。

紧接着，我们再写一个尺寸代码，表示你的网页大小不超过 768px 时，会采用如下的样式。

```
@media screen and (max-width:768px) {
    ......
}
```
该样式在 768px 尺寸以内生效

上面的写法只是指定了尺寸的上限，如果要指定不同的范围，写法如下。

```
/* 当窗口宽度大于640px 且 小于等于900px 之间时应用的样式 */
@media screen and (min-width: 641px) and (max-width: 900px) {
    /* 你的CSS 样式 */
}
```

接下来，我带你一步步地完成 案例 086 ，先来分析下这个页面结构（见图 9-6）。

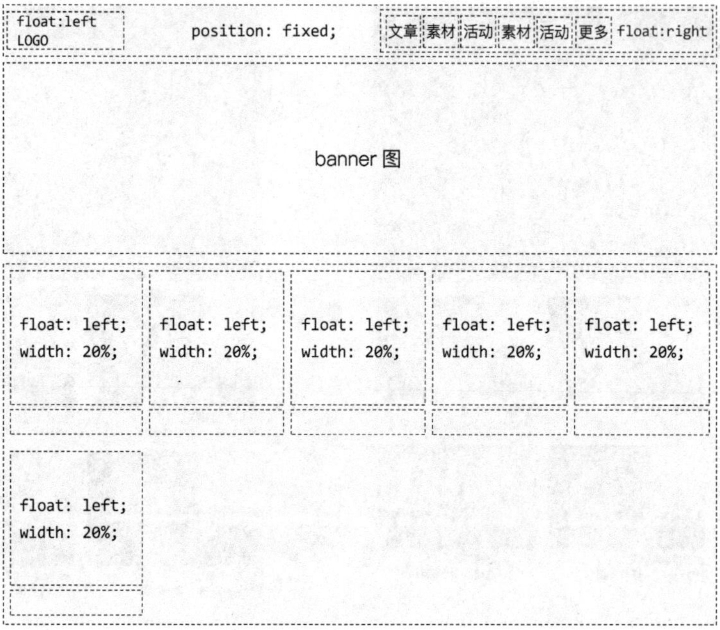

图 9-6　布局结构分析

HTML 代码结构如下。

```
<body>
    <header>
        <img src="images/logo.png" class="logo">
        <nav class="nav-list">
            <a>文章</a>
            <a>素材</a>
            <a>活动</a>
            <a>素材</a>
            <a>文章</a>
            <a>活动</a>
        </nav>
        <div class="menu">
            menu
            <nav class="nav-list">
                <a>文章</a>
                <a>素材</a>
                <a>活动</a>
                <a>素材</a>
                <a>文章</a>
                <a>活动</a>
            </nav>
        </div>
    </header>

    <div class="banner"></div>
```

```html
<ul class="product-list">
    <li>
        <img src="images/1.jpg">
        <p>迷你微型摄影展</p>
        <p>2050-12-12 作者:加百利</p>
    </li>
    <li>
        <img src="images/2.jpg">
        <p>迷你微型摄影展</p>
        <p>2050-12-12 作者:加百利</p>
    </li>
    <li>
        <img src="images/3.jpg">
        <p>迷你微型摄影展</p>
        <p>2050-12-12 作者:加百利</p>
    </li>
    <li>
        <img src="images/4.jpg">
        <p>迷你微型摄影展</p>
        <p>2050-12-12 作者:加百利</p>
    </li>
    <li>
        <img src="images/5.jpg">
        <p>迷你微型摄影展</p>
        <p>2050-12-12 作者:加百利</p>
    </li>
    <li>
        <img src="images/6.jpg">
        <p>迷你微型摄影展</p>
        <p>2050-12-12 作者:加百利</p>
    </li>
</ul>
</body>
```

CSS 代码如下。

```css
<style>
    * {margin: 0; padding: 0; }
    ul { list-style: none; }
    a { cursor: pointer; }
    header {
        width: 100% ;   height: 50px;
        background: rgba(0, 0, 0, 0.6);
        position: fixed;
    }
    header img.logo {
        float: left;
        width: 150px;
```

```
        margin-left: 30px;
    }
    header .nav-list {
        display: block;
        float: right;
        margin-right: 20px;
    }
    header .nav-list a {
        color: white;
        font-size: 18px;
        line-height: 50px;
        float: left;
        margin-right: 20px;
    }
    .banner {
        background: url(images/top-bg.png);
        background-size: cover;
        height: 400px;
        margin-bottom: 20px;
    }
    .product-list li {
        box-sizing: border-box;
        width: 20% ;
        float: left;
        padding: 0 10px 20px;
    }
    .product-list li img {
        width: 100% ;
        border-radius: 4px;
        box-shadow: 0 0 6px 0 #666;
    }
</style>
```

接下来重点就是添加响应式了，我们设定了 4 个尺寸，分别是小于 640px、641～768px、769～1024px 和大于 1024px。在不同的尺寸下，我们希望改变列表图片元素的宽度以适应窗口尺寸，于是添加如下 CSS 代码。

```
<style>
    ...
    .product-list li {
        width: 20% ;
        ...
    }
    @ media screen and (max-width:1024px) {
        .product-list li { /* 宽度小于 1024px,该样式生效 * /
            width: 25% ;
        }
    }
    @ media screen and (max-width:768px) {
```

```
        .product-list li { /* 宽度小于 768px,该样式生效 * /
            width: 33.333% ;
        }
    }
    @ media screen and (max-width:640px) {
        .product-list li { /* 宽度小于 640px,该样式生效 * /
            width: 50% ;
        }
    }
</style>
```

这里我实际上采用了一种取巧的做法，将媒介查询的屏幕尺寸**按由大到小的顺序**来进行编写，这样省得再去编写尺寸范围。读者可以花点时间仔细体会一下这种写法的原理和好处，我就不再做详细说明了。

当然，写到这里依然不是案例的最终效果。响应式最难的地方并不是这部分。不知你可曾记得，当我们将网页尺寸缩减到 768px 以下时，右上角的导航列表发生了一个较大的变化。由原来的横向排列，直接变成了一个隐藏式的下拉菜单。这效果看上去的确有些神奇，它是怎么做到的呢？

揭晓答案之前，不妨先来猜一猜，如果在没有任何提示的情况下，猜中了，那表示你在网页布局这方面还是很有天赋的，人工智能一时半会还取代不了你（玩笑话）。

好吧，现在答案揭晓，实际上我写了　A、B　两套菜单，当 A 菜单 显示时， B 菜单 隐藏，反之亦然。哈哈，你可能没想到，原来这么简单？有种 "上当受骗" 的感觉？实际上，计算机世界里的很多东西在呈现给用户时，都不可避免地会使用一些障眼法。但你可别小瞧这些伎俩，它们都是工程师们智慧的结晶。

现在让我们把第二套菜单写出来。照例先分析下它的 HTML 结构，如图 9-7 所示。

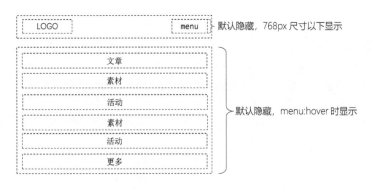

图 9-7　布局结构分析

分析到这里时我们发现一个问题，那就是对于 :hover 这个伪类来说，它只能控制被 hover 的元素本身以及子元素的样式。在 CSS 当中，如果 A 和 B 没有包含关系，我们便无法做到在 hover A 的时候改变 B。也就是说，当 menu:hover 触发的时候，只能改变 menu 本身，或者 menu 内部的后代元素，而无法直接去改变这个隐藏的下拉菜单。

因此，我们只有一个办法，那就是把隐藏的下拉菜单写在 menu 的内部，让它成为 menu 的子元素，于是 HTML 代码如下。

```
<nav class = "nav-list">
    ...
</nav>
<div class = "menu">
    menu
    <nav class = "nav-list">
        <a>文章</a>
        <a>素材</a>
        <a>活动</a>
        <a>素材</a>
        <a>文章</a>
        <a>活动</a>
    </nav>
</div>
...
```

CSS 代码如下。

```
<style>
...
.menu {
    display: none; /* 默认隐藏起来 * /
    float: right;
    margin-right: 20px;
    color: white;
    font-size: 18px;
    line-height: 50px;
}
.menu .nav-list {
    width: 100% ;
    position: fixed;
    top: 50px;
    left: 0;
}
.menu .nav-list a {
    display: block;
    width: 100% ;
    height: 50px;
    background: rgba(0, 0, 0, 0.6);
    text-align: center;
    border-bottom: 1px dotted white;
}
.menu:hover .nav-list {   /* menu 被 hover 时,显示.nav-list * /
    display: block;
}
...
</style>
```

为了达到隐藏元素的目的，我们使用了 `display:none` 将元素的类型设为空，这是一种常见的隐藏元素的方式，最终在媒介查询中添加如下代码。

```
<style>
    ...
    @ media screen and (max-width:768px) {  /* 宽度小于 768px,该样式生效 * /
        .product-list li {
            width: 33.333% ;
        }
        header .menu { /* 显示 menu 菜单 * /
            display: block;
        }
        header .nav-list { /* 隐藏.nav-list * /
            display: none;
        }
    }
    ...
</style>
```

案例 087 http://ay8yt.gitee.io/htmlcss/087/index.html，你可以打开网址在线编写并查看结果。

关于文字的阴影

实际上文字也是可以添加阴影的，只不过相比盒子阴影（box-shadow），它缺少了扩展、阴影方向这两个参数，写法如下。

关于背景渐变

之前的案例中，我使用过背景渐变，除了上下左右这个四个方向以外，其实还可以写角度，具体写法如下。

background: linear-gradient(45deg, #CD3A61, #0DB051);

由于篇幅的关系，实际上还有一些没有介绍的属性及细节，但我也不打算在这本书里全部讲完。一来，我不希望讲不常用的东西来占用读者的学习时间；二来，这些内容在网上进行相关搜索可以很容易得到答案，我还是希望你能学会自己阅读相关的说明手册。

9.2 PC 端与移动端的差别 预计完成时间 8 分钟

在很久很久以前，PC 端的网页第一次呈现在手机上的时候，人们并不会针对手机设备对网页做任何特殊的处理，因此你在手机（即移动端）上浏览网页只能看到其中一部分，需要通过滑动的方式来查看所有内容,如图 9-8 所示。这种用户体验实在是差到极点,当然,你也可以通过手指来放大和缩小网页。放大后虽然能看到网页的全部内容,但是相对较粗的手指让你几乎无法点击网页上的任何按钮。

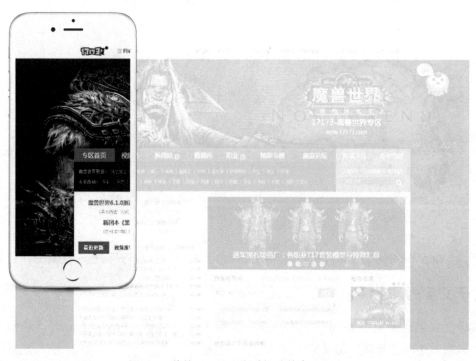

图 9-8 传统 PC 网页在手机端的查看方式

众所周知,硬件发展速度始终是比较快的,现在的手机屏幕已经有了足够高的物理像素。举个例子:拿 iPhone X 来说,屏幕的物理像素已经达到了 1125 像素 x 2436 像素,这个大小甚至已经超越了普通的 PC 端(见图 9-9)。物理像素虽然够了,但手机的实际尺寸这么小,把 PC 端的网页强行塞进去显然是不行的,因此通常情况下,网页到了移动端上面需要重新进行设计和排版。

图 9-9 手机像素已经赶超 PC 端

这样看来，移动端网页开发跟 PC 端网页开发并没有什么本质区别。但有一点需要注意的是，由于技术上和历史上的原因，再加上手机屏幕尺寸有限，因此手机的物理像素跟分辨率通常是不一样的。

说到这里，就有必要简单科普一下物理像素跟分辨率的概念。

什么是物理像素？

物理像素就是你的屏幕有多少个实际的像素点构成，也可以叫最大分辨率。仔细观察你的显示屏，就能发现它是由无数个小方格构成的，每一个方格就是一个像素点。这是物理意义上的像素，因此它们的大小个数都不能改变，如图 9-10 所示。

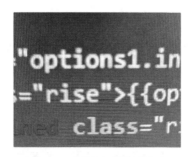

图 9-10　屏幕上的物理像素

什么是逻辑像素？

逻辑像素一般也叫**分辨率**。比如我的计算机屏幕的物理像素是 1920×1080，但我可以把它的分辨率设置为 1600×900，如图 9-11 所示。因此，1600×900 是逻辑意义上的像素，就是说，不管物理像素有多少，我都人为地把屏幕宽度分为 1600 份，高度分为 900 份，至于每一份实际上要用几个物理像素来显示，这就不是我关心的事情了。对于我来说，此刻屏幕的像素大小就是 1600×900。我们在 CSS 当中所使用的 px，实际上指的就是这个逻辑像素。当你在查看网页宽度的时候，它显示的大小是设置的逻辑像素（分辨率），而不是物理像素。

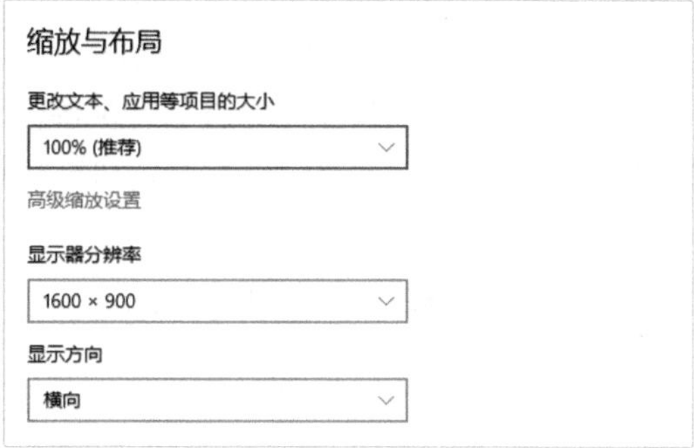

图 9-11　PC 端的分辨率设置

现在，假设我们有一台手机，它的物理像素是 4×8，现在要显示一个像素的东西，在不同分辨率下的区别如图 9-12 所示。

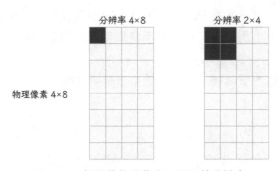

图 9-12　相同的物理像素下不同的分辨率

　　这时由于分辨率缩小为 1/2，手机屏幕会使用 2×2 个物理像素来显示一个逻辑像素。分辨率在手机上一般也叫作**设备像素**，手机的物理像素通常是设备像素的 2 倍或 3 倍，它也叫**设备像素比**，简称 DPR。很多移动端的教程里都会提到 DPR 这个概念，但目前对我们来说这个概念并不重要，在将来我们学习了 JavaScript 编程之后才会用到它，因此你大概了解下 DPR 是什么意思就行了。它特指移动端物理像素与设备像素（分辨率）的比值。

　　由于市面上的手机尺寸非常多，这给移动端的网页开发带来了一些麻烦。我们没办法按照任何一种尺寸去编写网页，因此逻辑像素可以很好地解决这个问题。也就是说，如果所有手机的分辨率（设备像素）都一样的话，我们便无须关心它的物理像素是多少（见图 9-13）。

图 9-13　不同的物理像素可以有相同的分辨率

　　然而美好的愿望跟现实总是有差距的，现实中不同手机设备的分辨率居然也不相同。是的，也就是说，除了物理像素外它们还搞出了一大堆标准，也就是说，原本可以用来解决问题的分辨率也有一大堆不同的标准。

- 320 x 480 逻辑像素（例如 iPhone 3GS）， DPR 1 。

- 640 x 960 逻辑像素（例如 iPhone 4，4S）， DPR 2 。

- 640 x 1136 逻辑像素（例如 iPhone 5，5S，SE）， DPR 2 。

- 750 x 1334 逻辑像素（例如 iPhone 6，6S，7，8）， DPR 2 。

- 828 x 1792 逻辑像素（例如 iPhone XR，11）， DPR 2 。

- 1080 x 1920 逻辑像素（例如 Sony Xperia Z5）， DPR 3 。

- 1440 x 2960 逻辑像素（例如 Samsung Galaxy S8，S9），DPR 4 。
- 1440 x 3040 逻辑像素（例如 Samsung Galaxy S10，S20），DPR 4 。

　　这实在是太要命了，难道说移动端的页面大小就没有一个统一标准吗？是的，还真没有。于是，为了让页面能够适应所有的尺寸，在任何手机下都能够有良好的展现，我们只能使用最终也是唯一的解决方案：**等比缩放**。

9.3　移动端网页适配　预计完成时间 5 分钟

　　什么是**等比缩放**？即等比例的缩小和放大（见图 9-14）。当一个网页可以随着窗口的大小进行等比缩放时，我们就可以彻底不用关心尺寸的问题了。

图 9-14　等比缩放在手机上的效果

实现等比缩放有以下三种方案。

1. 百分比布局

　　百分比布局顾名思义，就是所有的元素大小都采用百分比的形式书写，而不是 px 单位。这里我们要介绍一个新的单位，叫作 vw/vh ，这是 CSS 标准中最新引入的单位大小，1vw = 窗口宽度×1% ，同理，1vh = 窗口高度×1% 。使用这个单位，可以方便我们计算页面上所有元素的大小。例如一个按钮，经过计算它的宽度为页面的 20%，因此我们给按钮设定大小，CSS 代码如下。

```
.btn {
    width: 20vw;
    height: 12vw;
}
```

注意代码中 width 和 height 都使用了 vw 这个单位，之所以没有用 vh 这个单位，是因为手机长宽比是不统一的。为了保持按钮的比例，我们只能统一采用 vw，如果采用了 vh，则在不同的手机上，按钮比例可能会变形。由于需要大量的计算工作，因此百分比布局显然不是一个最佳解决方案。

2. 媒介查询

媒介查询我们在 9.1.2 小节已经讲过了，如果你考虑使用媒介查询来解决移动端的页面适配问题的话，那么必须把市面上所有手机的尺寸种类都进行适配，代码写出来大概是如下这样的。

```
@ media screen and (max-width:1920px) { ..... }
@ media screen and (max-width:1600px) { ..... }
@ media screen and (max-width:1440px) { ..... }
@ media screen and (max-width:1280px) { ..... }
@ media screen and (max-width:1124px) { ..... }
@ media screen and (max-width:1024px) { ..... }
@ media screen and (max-width:996px) { ..... }
@ media screen and (max-width:960px) { ..... }
@ media screen and (max-width:820px) { ..... }
@ media screen and (max-width:750px) { ..... }
@ media screen and (max-width:640px) { ..... }
...
```

考虑到这个代码编写的工作量也非常巨大，该方案实际开发中也不推荐使用。

3. REM 适配

前两种方案其实都是"炮灰"，铺垫了半天，我真正想教你的是第三个方案。REM 也是一个单位，一个很有趣的单位，1 个 REM 等于多少 px？答案是不固定的。这主要取决于你把页面根元素（也就是 HTML 标签）的字体大小设为多少。例如我们把 HTML 元素的 font-size 设为 10px，那么 1rem 就等于 10px。接下来，当我们要设定一个按钮的大小，比如 120px×40px 就可以这样写。

```
html {
    font-size: 10px; /* 设定 1rem 等于 10px * /
}
.btn {
    width: 12rem;
    height: 4rem;
}
```

使用 REM 单位有什么好处呢？想象一个场景（见图 9-15），如果我们当前以 640px 为标准来编写网页，网页中所有元素的大小单位都使用了 REM。根元素字体大小为 20px，那么，到了另外一个宽度为 1280px 的手机上，这时分辨率变成了原来的 2 倍，我们不需要修改元素的大小，只需要把根节点的字体大小从 20px 改为 40px，所有的元素大小就会放大 2 倍。这样，我们就轻松地完成了整个页面的等比缩放。使用这种方式来进行移动端的页面适配，跟前两种方案比起来，简直是四两拨千斤。

```
         ◄──────── 640 ────────►
html {
    font-size: 20px;
}

.box {
    width: 3rem;
    height: 1.5rem;
    font-size: 1rem;
}
...
```

```
         ◄──────── 1280 ────────►
html {
    font-size: 40px;
}

.box {
    width: 3rem;
    height: 1.5rem;
    font-size: 1rem;
}
...
```

只需修改HTML字体大小
即可适配所有尺寸

图 9-15　REM 的等比缩放

好了，现在的问题是，根（HTML）元素的字体大小该如何根据窗口大小来进行实时的变化呢？这就要涉及 JavaScript 编程了，以目前我们所学的知识还无法做到。所以在接下来的移动端练习案例中，我们会假定窗口宽度为 750px 来进行模拟练习。这里有一个典型的小例子，可以感受一下 RFM 的好处，由于涉及了 JavaScript 代码部分，此案例不再展示源码。

案例 088 　http://ay8yt.gitee.io/htmlcss/088/index.html，你可以打开这个网址在线查看结果。

9.4　viewport　预计完成时间 4 分钟

原本我并不打算再讲 viewport 这个概念，但考虑到很多教程会大篇幅地谈论 viewport，如果直接忽略这个概念，会容易让读者误会本书不够专业。所以接下来我尽量用精简的语言让你明白 viewport 来龙去脉，以及它为什么不重要。对，你没有看错，它并不重要。

viewport 中文叫作可视窗口，简称**视口**。这个概念最早出现在苹果手机上。这并不难理解，因为移动互联网的兴起，几乎就是靠苹果一己之力推动的。苹果率先将手机端浏览器窗口的默认大小（一般指宽度）设定为 980px，很明显这是一个逻辑像素。安卓系统也随后采用了这个 980px 的标准。其实故事到这里本应该结束了。手机端的窗口大小形成了统一，以后我们便可以开开心心地写页面了，领导再也不用担心我的工作量了。

然而再次遗憾的是，980px 这个大小，对于手机端来说并不是一个非常完美的标准。首先，在很多年前，各个手机厂商的物理像素甚至还达不到 980px。但是很快手机硬件又迎来了井喷式的发展，如今手机的物理像素已经可以达到 980px 的两、三倍甚至更多。在这种情况下，将移动端窗口的大小固定在 980px，似乎并不是非常完美的方案。

特别是后来有了 REM 这样的等比缩放的适配技术。窗口宽度就变得更加不重要了。于是乎，今天你在所有的移动端网页上，都能看到网页的头部（header 标签）中有这样一段代码。

```
<meta name="viewport" content="width=device-width,initial-scale=1,user-scalable=no" />
```

特别注意到，在 viewport 标签当中，`width=device-width` 这句话的含义，它表示窗口的逻辑像素大小等于手机的设备像素（分辨率）。这恰好和我们在 PC 上的习惯是一致的，即分辨率等于物理像素。注意 `initial-scale` 这个属性用来对网页进行缩放。为什么要缩放呢？我们假设当前手机的分辨率为 750px，DPR 的值为 2，也就是说它的实际物理像素为 1500px。这就产生了一个问题，明明有 1500px 的物理像素，当前分辨率却只有 750px，这不是浪费了高清屏幕吗？

如果我们设定 `initial-scale=0.5`，即把网页缩放为原来的 **1/2**，这时产生的效果如图 9-16 所示。

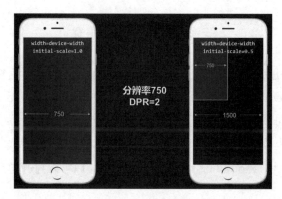

图 9-16　网页的缩放

观察上图后不难发现，当网页缩放为 0.5 倍之后，网页宽度此刻变成了 1500px，刚好和物理像素是 1 比 1 的。这样一来，网页中的逻辑像素和物理像素完全一致了，高清图片也可以得到更好地展现了。于是我们很快就得出一个**通用公式**，如果网页的逻辑像素想要跟物理像素保持一致，就可以进行如下设置。

`<meta name=" viewport" content=" width=device-width, initial-scale=1/dpr" >`

至于 DPR 值是多少？这个需要通过 JavaScript 编程来完成设置，暂不在本书的讨论范围。

实际上这些优点都是理论上的，因为在实际的网页开发中，页面要适应各种各样的尺寸，设计师在画图时也只能选择其中一个作为标准。最终，还是要忽略物理像素，以设计师给出的 UI 图为标准来进行网页开发。这也是为什么我说 viewport 并没有那么重要的原因，不了解 viewport 并不影响使用 REM 进行等比缩放。

一般来说，如果你的页面没有 viewport 标签，网页的默认宽度有可能是 980px，或手机厂商自行设定的大小。但按照行业习惯一般我们都会写上这个标签。

9.5 进阶技巧 预计完成时间 12 分钟

🔖 关于 inline-block

如果我们在页面上写了两个相邻的 inline-block 元素，你会发现，这两个元素之间就会出现空隙（见图 9-17）。这道空隙是怎么来的呢？

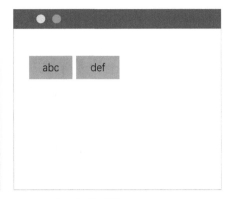

图 9-17　inline-block 元素之间的空隙

如果我们把两个 span 标签中间的换行符去掉，就会发现空隙不见了，这也是 inline-block 元素一个比较奇怪的默认特性。在写代码的时候，需要额外注意一下，后面我讲到的 flex 布局就能够避免这些问题，如图 9-18 所示。

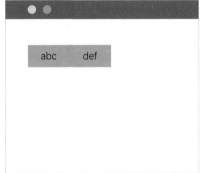

图 9-18　消除 inline-block 元素间的空隙

案例 089　http://ay8yt.gitee.io/htmlcss/089/index.html，你可以打开这个网址在线查看结果。

关于 vertical-align

很多人都误以为这个属性是用来做垂直居中的，其实并不是。它是用来设定垂直对齐方式的。虽然在 W3C 文档中能找到它对应的规则，不过这个规则有点过于复杂。甚至不同的浏览器，对于这个规则的理解和实现上也不是完全一致。此处为了节省你的学习时间，我直接告诉你通用的结论。

首先，`vertical-align` 必须作用于 inline-block 元素，也就是说，如果元素不是 inline-block 类型，那么这个属性则不会生效。其次，这个属性只作用于元素本身，而不是父容器。比如做如图 9-19 所示的图文混排页面。

此时的页面有 2 个 img 标签、1 个 span 标签以及外层的一个父元素。我们希望图片和文字在父元素里是可以垂直居中的。首先需要把子元素都变成 inline-block，由于图片原本就是 inline-block 类型，因此只需修改 span 元素类型即可。然后给它们分别添加 **vertical-align:middle;**，注意观察接下来的效果变化（见图 9-20），它们之间的对齐方式被改变了，图片和文字确实垂直对齐了，但它们并没有在父元素里垂直居中。

图 9-19　图文混排

```
CSS 代码
<style>
 span {
   display:inline-block;
   vertical-algin:middle;
 }
 img {
   vertical-algin:middle;
 }
</style>
```

图 9-20　垂直对齐效果

想要在父元素里垂直居中，依然还需要给父元素添加行高，如图 9-21 所示。

```
CSS 代码
<style>
 .box {
   width: 800px;
   height: 400px;
   line-height: 400px;
 }
 span {
   display:inline-block;
   vertical-algin:middle;
 }
 img {
   vertical-algin:middle;
 }
</style>
```

图 9-21　垂直居中效果

案例 090　http://ay8yt.gitee.io/htmlcss/090/index.html，你可以打开这个网址在线查看结果。

🔖 关于 z-index

z-index 是关于层级的问题。正常情况下，元素没有设置 z-index 属性。在页面的结构当中，元素根据代码的编写顺序来决定层级。后面的层级高于前面，简单地说，就是**后来居上**

原则（见图 9-22）。

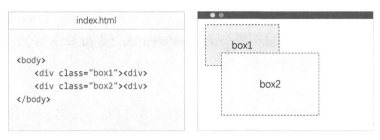

图 9-22　后来居上原则 1

如果元素做了定位，那么层级就比没有定位的高。简单地说，就是**定位居上**原则（见图 9-23）。

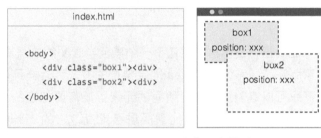

图 9-23　定位居上原则

如果两个元素都有定位，那么依然遵循**后来居上**原则（见图 9-24）。

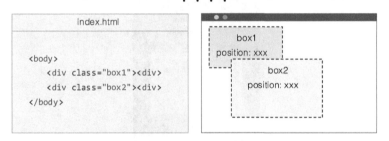

图 9-24　后来居上原则 2

如果设定了 z-index，则根据 z-index 数值的大小来决定。简单地说，就是**大者居上**原则（见图 9-25）。

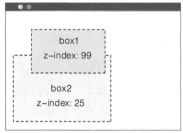

图 9-25　大者居上原则

　　如果一个父元素的 z-index 高于另一个父元素，那么它的子元素必然也高于它（见图 9-26）。

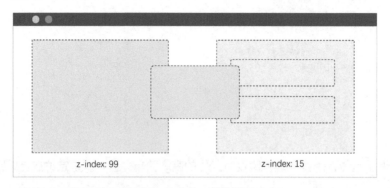

图 9-26　z-index 值高则居上

　　例如，页面上弹出一个提示框，提示框下层还有一个黑色半透明的遮盖层（见图 9-27），专业术语叫作**蒙版**。这个蒙版呢，通常使用 `fixed` 固定定位的方式，这样可以使蒙版固定在屏幕上不会乱动。为了让蒙版可以遮盖住页面上所有的元素，还需要把它的 z-index 设置得大一点，比如 8000。然后是你的弹出框，为了比蒙版层级更高，它的 `z-index` 要更大，比如 `8001`。

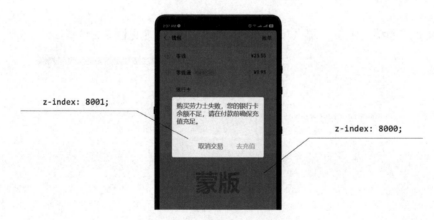

图 9-27　z-index 使用场景

📑 关于 opacity

　　透明一直是网页当中比较常见的样式。`opacity` 这个属性可以决定元素是否透明。这个单词的意思为不透明。因此当 opacity 为 1 时，元素完全不透明。当 opacity 为 0 时，元素完全透明。要注意的是，opacity 控制的是整个元素的透明度。这意味着当你使用 opacity 设置父元素透明度时，里面的子元素会跟着一起产生透明变化。

　　如果你只希望得到一个透明的背景色，可以使用 `rgba();` 的方式来设置背景。

🔋知识补给站

知识补给站主要针对一些可能会阻碍你学习的计算机常识进行科普，如果你已经对它们比较了解，完全可以跳过它们。本章涉及的话题包含：　什么是像素？

补给：什么是像素

当我们讨论一张图片的像素大小为 300px×200px 时，到底在说什么呢？它代表了我们肉眼可见的物理尺寸大小吗？实际上这里所说的像素，并不代表图片的物理尺寸大小。一个很简单的道理就是：同一张图片，在手机屏幕上看和在 PC 屏幕上看大小是完全不同的。因此，图片的数据只是用来描述该图片包含了多少个像素点，而每个像素点包含了 RGB 的颜色信息，如图 9-28 所示。

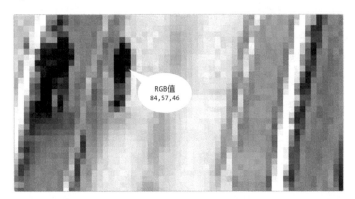

图 9-28　像素包含的 RGB 值

我们要将图片显示在某个显示器屏幕上。比如图 9-29 所示的这张图，大小为 12px×16px，显示在一个物理像素为 50px×30px 的屏幕上，分辨率与物理像素一致。

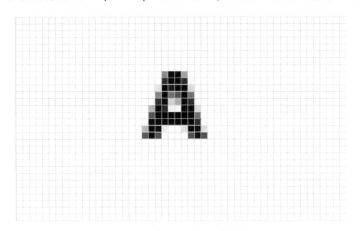

图 9-29　字母 A 放大后的样子

当然，这是我们所说的理想状态，因为分辨率并不一定会和物理像素一一对应。仍然以这块屏幕为例，倘若它的分辨率被设定为 25px×15px。这就意味着原来的 4 个方格如今只能表示一个像素，由于图片的像素点依然是 12px×16px，因此最终我们看到的结果如图 9-30 所示。

至此，我们大概搞清楚了关于像素的几个概念。

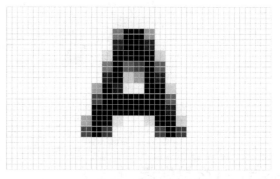

图 9-30　分辨率缩小后字母 A 的样子

1）图片像素：表示图片的像素点数量多少，也可以叫图像分辨率，它与图片物理尺寸无关，体现的是数据的多少，像素越高则包含的颜色信息越丰富、图片质量越高、画面越清晰。

2）物理像素：表示屏幕的物理像素点数量，也叫作最大分辨率。

3）逻辑像素：表示逻辑上将屏幕划分为多少像素，PC 端通常管逻辑像素叫作屏幕分辨率。

4）设备（独立）像素：手机端的特有称呼，与逻辑像素概念相同，等同于 PC 端的分辨率。

5）CSS 像素：网页中的特有称呼，与逻辑像素概念相同，多数情况下与屏幕分辨率保持一致，也可通过网页缩放的形式进行调整。

单词表

英语是不好学但又非常必要的东西，如果你在读代码的过程中感到了吃力，多半是因为单词造成的。这里没有多余单词，只收集本章节当中出现过的。如果忘记了记得随时来翻一翻。

英 文 单 词	音　　标	中 文 解 释	编 程 含 义
menu	/ˈmenjuː/	菜单	菜单
viewport	/ˈvjuːpɔːt/	视口	视口
media	/ˈmiːdiə/	媒体	媒体
screen	/skriːn/	屏幕	屏幕
device	/dɪˈvaɪs/	设备	设备
initial	/ɪˈnɪʃ(ə)l/	初始的	初始的
vertical	/ˈvɜːtɪk(ə)l/	垂直的	垂直的
middle	/ˈmɪd(ə)l/	中间的	中间的

第 10 章　布局神器 flex

弹性盒模型　预计完成时间 41 分钟

10.1.1　display：flex

flex 是一种替代传统浮动布局的新型布局方案。在软件开发界有一个非常重要的原则，叫作**"无用不需"**原则。

> 如果你无法理解一项技术，说明你暂时还不需要它。——加百利

因此我需要先跟你讲一讲 flex 的使用场景是什么，在手机端我们经常会在页面的底部做一个 tab 切换菜单（见图 10-1）。假设这个菜单高度是固定的 **60px** ，由于手机尺寸的不同，那么上面这部分容器的高度就难以确定了，因此这个元素的高度，应该写多少才能刚好撑满页面呢？下面介绍两种方法。

第一种方法　将底部 tab 栏使用 fixed 进行固定，主体部分容器高度为 100vh。但这样做带来一个小问题，tab 栏由于 z-index 层级更高，总是会盖住页面最底部的内容。这时我们需要给主体部分的底部设定 **padding-bottom: 60px;** ，这样当我滑到页面底部，就不会有内容被遮挡了，如图 10-2 所示。

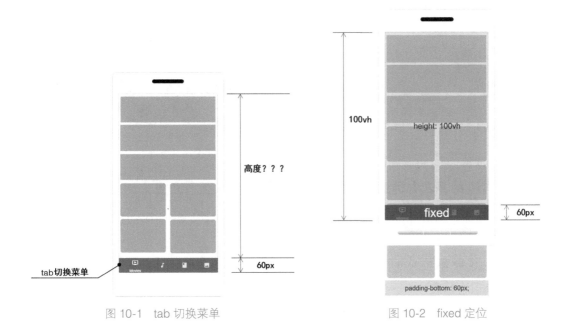

图 10-1　tab 切换菜单　　　　　　　图 10-2　fixed 定位

第二种方法 底部 tab 栏高度为 60px，主体部分容器高度为自适应。要实现这种布局效果，就需要使用 **flex 布局** 了，如图 10-3 所示。

图 10-3　flex 布局

10.1.2　**flex** 的布局特性

当我们给一个元素设置 `display:flex` 时，元素则会变成一个 **flex 容器**。这个容器有什么特点呢？下面通过一个小例子来感受一下，如图 10-4 所示。

仔细观察这个结构，其布局方式如图 10-5 所示。

图 10-4　案例效果

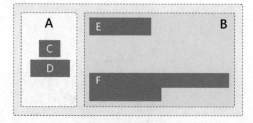

图 10-5　布局结构分析

首先，A 和 B 是左右排列的；其次，C 和 D 在水平方和垂直方向同时居中；最后，E 和 F 在水平方向靠左，垂直方向两端对齐。如果利用目前所学知识，完成这样的布局，有多大难度呢？

首先，A 和 B 的布局可以利用浮动，C 和 D 想要垂直居中的话，恐怕要借助其他手段了，比如在外层再包裹一个元素。而 E 和 F 想要在垂直方向两端对齐难度就更大了，可能不得不使用定位的方式了。

然而使用 flex 可以轻松地完成这个布局效果。在完成这个案例之前，我们先来详细了解一下 flex 的特性，感受其强大之处。当一个元素类型被改为 flex 以后，它的内部排版方式，将会发生很大的改变。此时我们管该元素叫作一个 flex 容器，具有如下特点。

1 在 flex 容器中 float 会失效，因为做横向排列非常简单，你再也不需要浮动了。

2 在 flex 容器中 vertical-align 会失效，无论是垂直居中，还是对齐方式都非常简单，你再也不需要 vertical-align 这个属性了。

在 flex 容器中，所有的子元素都会表现得像跟 inline-block 元素类似。例如 div 元素默认不再有宽度，也不再独占一行。

对于 flex 容器来说，`justify-content` 这个属性用来设定它内部元素的对齐方式。它的取值一共有 5 种，代表着 5 种不同的对齐方式，分别如下。

flex-start：起点对齐，这也是默认对齐方式。

flex-end：终点对齐。

center：中心对齐。

space-between：两端对齐。

space-between：间隔均匀对齐。

具体对齐效果如图 10-6 所示，尤其是 `space-between` 会使得每个元素的左右边距是一致的，这样就省去了计算 margin 的麻烦。

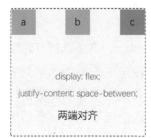

图 10-6　主轴对齐方式

你看这些属性名字和属性值都比较奇怪，为什么叫 起点/终点 对齐而不叫 靠左/靠右 对齐呢？关于这一点我后面会详细跟你解释，你暂时先记住它就好。

案例 091 http://ay8yt.gitee.io/htmlcss/091/index.html，你可以打开这个网址在线查看结果。

flex 容器中的元素是水平依次排列的。我们也通过 **justify-content** 设定了它在水平方向的对齐方式。那么在垂直方向呢？元素该怎么对齐？flex 同样有办法，这时要用到另外一个属性 **align-items** 。

这个属性有 5 个取值，分别如下。

flex-start ，起点对齐，这也是默认对齐方式。

center ，中心对齐；

flex-end ，终点对齐；

baseline ，基线对齐；

stretch ，两侧拉伸对齐。

具体对齐效果如图 10-7 所示。

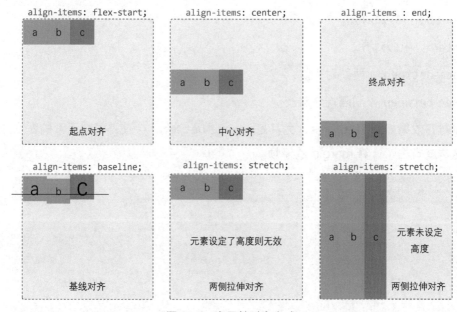

图 10-7　交叉轴对齐方式

案例 092 http://ay8yt.gitee.io/htmlcss/092/index.html，你可以打开这个网址在线查看结果。

那么到目前为止，我们在 flex 容器中既可以设定子元素的水平对齐方式，又可以设定子元素的垂直对齐方式，并且它对于任何子元素都有效，不管子元素是什么类型。这些对齐方式已经能够大大地减轻页面布局的工作量了，但这个还不是 flex 最厉害的地方。它最厉害的地方，是拥有一个叫作**主轴变换**的特性。

简单说就是，元素不仅能水平排列，还能垂直排列。这个默认的排列方式是可以更改的。我们把默认的排列方向称为主轴。

那么主轴有两个方向：**flex-direction: row;** 或者 **flex-direction: column;**

flex-direction: row; 代表**主轴**为水平方向，那么与之对应的，我们管垂直方向叫作**交叉轴**，如图 10-8 所示。

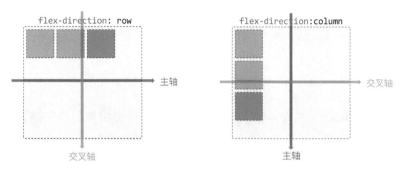

图 10-8　主轴与交叉轴

如果我们设定 flex-direction: column;，那么主轴方向则改为垂直，那么与之对应的，我们管水平方向叫作交义轴。

接下来，我要重新介绍两个属性给你认识。

justify-content 代表 主轴对齐方式 ，align-items 代表 交叉轴对齐方式 。

换句话说，主轴为水平，则 justify-content: flex-end 则靠右对齐。主轴为垂直，则 justify-content: flex-end 靠下对齐。所以它并没有上下左右的概念，因此才会叫作 起点/终点 对齐。现在你懂了吗？

值得注意的是，flex 默认是不会换行的，如果需要换行的话，则添加 flex-wrap: wrap;。

10. 1. 3　水平垂直居中

现在，让我们回到之前的案例（见图 10-9），考虑一下它该怎么完成。

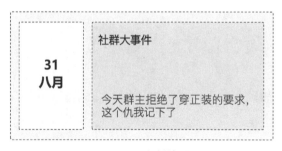

图 10-9　案例效果

◆ HTML 代码部分如下。

```
<body>
    <div class="box">
        <div class="box1">
            <h2>31</h2>
```

```
        <h2>八月</h2>
    </div>
    <div class="box2">
        <span class="t1">社群大事件</span>
        <span class="t2">今天群主竟然拒绝了穿正装的要求,这个仇我记下了</span>
    </div>
</div>
</body>
```

首先，将 div 元素都改为 flex 容器， .box1 和 .box2 自然就会水平排列。

```
div {
    box-sizing: border-box;
    padding: 10px;
    display: flex;
    border: dashed 1px #666;
}
.box {
    margin: 100px auto;
    width: 360px;
    height: 150px;
    background-color: #D6DCE5;
    border-radius: 4px;
}
```

其次，将 .box1 主轴改为 column 方向，同时主轴和交叉轴都设置为中心对齐。

```
.box1 {
    width: 120px;
    margin-right: 10px;
    flex-direction: column;/* 主轴方向为垂直* /
    justify-content: center;/* 主轴对齐方式为居中* /
    align-items: center;/* 交叉轴对齐方式为居中* /
    background-color: #FDF4D3;
    border-radius: 3px;
}
```

最后，将 .box2 主轴改为 column 方向，并将主轴设置为两端对齐。

```
.box2 {
    flex-direction: column;/* 主轴方向为垂直* /
    justify-content: space-between;/* 主轴对齐方式为两端对齐* /
    background-color: #DAD1E6;
    border-radius: 3px;
    font-weight: bold;
}
.box2 .t1 {
    font-size: 18px;
    color: #444;
```

```
}
.box2 .t2 {
    font-size: 15px;
    color: #767676;
}
```

案例 093　http://ay8yt.gitee.io/htmlcss/093/index.html，你可以打开这个网址在线查看结果。

10.1.4　强大的弹性盒模型

flex 真正的强大之处还不止这些。接下来我就来讲讲关于它的弹性布局，这涉及以下两个属性。

`flex-grow`

该属性有个专业名称叫作扩展比率，听起来很难懂。我给它起了一个比较通俗的名字，叫作**父元素剩余空间瓜分比例**。

举例说明：现在有一个 flex 容器，主轴方向为水平，宽度 500px。里面有两个子元素，大小为 100px×100px，如图 10-10 所示。

图 10-10　原始比例

显然，两个子元素的宽度加起来，也没有父容器大。如果这个时候，我希望两个容器能够自动把宽度调整一下，撑满整个父容器，应该怎么做呢？

现在我给 A、B 两个子元素，都添加了 flex-grow 这个 CSS 属性。它的默认值原本是 0，我把它们都改为 1。意思是说，父容器剩余的空间，两个子元素按照 1：1 的比例瓜分。那么最终，你看到的结果就是两个子元素都变成了 250px，如图 10-11 所示。

当然，你也可以随意更改这个比例，例如 1：2，那么，他们就会按照 1：2 的比例瓜分父元素的剩余空间，最终的结果是，A 的宽度变成 200，B 变成 300，如图 10-12 所示。

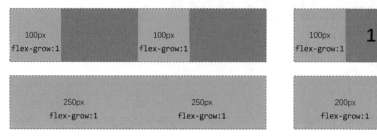

图 10-11　1：1 比例

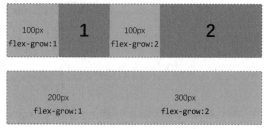

图 10-12　1：2 比例

案例 094　http://ay8yt.gitee.io/htmlcss/094/index.html，你可以打开这个网址在线查看结果。

`flex-shrink`

> 该属性有个专业名称叫作收缩因子，听起来还是很难懂。我给它起了一个比较通俗的名字，叫作**父元素超出空间缩减权重**。网络上有不少教程，甚至一些号称专业的网站，对这个属性的讲解都是错误的。可见 `flex-shrink` 的难度！因此目前我不要求你掌握此属性，但有天需要用时，切记查看本书或官方文档，不要参考那些错误的网络教程。

还是举例来说明吧，现在有一个 flex 容器，宽度为 500px。其中有三个子元素，宽度分别为 100px、200px、300px，如图 10-13 所示。

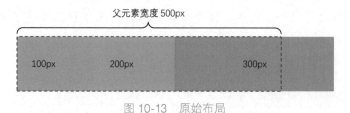

图 10-13　原始布局

现在，子元素超出父容器的一共是 `100px`。子元素会缩减自己的宽度，以满足父容器大小。至于每个人缩减多少呢？这要看两个条件：① 元素自身宽度；② `flex-shrink`。在目前的条件下，由于 flex-shrink 的默认值为 1，那么每个元素的缩减权重分别是自身的宽度×1（flex-shrink），即 **1：2：3**，3 个元素缩减宽度之和为 100px，如图 10-14 所示。

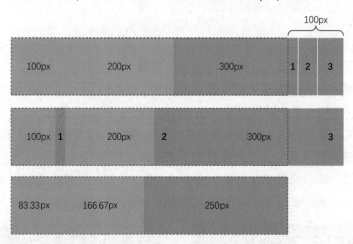

图 10-14　弹性布局

三个元素的权重比例计算公式如下。

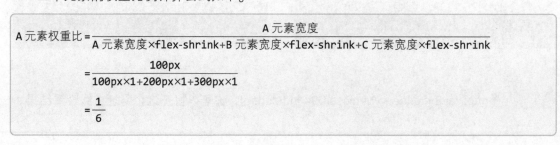

$$A元素权重比 = \frac{A元素宽度}{A元素宽度 \times flex\text{-}shrink + B元素宽度 \times flex\text{-}shrink + C元素宽度 \times flex\text{-}shrink}$$

$$= \frac{100px}{100px \times 1 + 200px \times 1 + 300px \times 1}$$

$$= \frac{1}{6}$$

$$B \text{ 元素权重比} = \cfrac{B \text{ 元素宽度}}{A \text{ 元素宽度} \times \text{flex-shrink} + B \text{ 元素宽度} \times \text{flex-shrink} + C \text{ 元素宽度} \times \text{flex-shrink}}$$

$$= \cfrac{200px}{100px \times 1 + 200px \times 1 + 300px \times 1}$$

$$= \cfrac{2}{6} \text{即} (1/3)$$

$$C \text{ 元素权重比} = \cfrac{C \text{ 元素宽度}}{A \text{ 元素宽度} \times \text{flex-shrink} + B \text{ 元素宽度} \times \text{flex-shrink} + C \text{ 元素宽度} \times \text{flex-shrink}}$$

$$= \cfrac{300px}{100px \times 1 + 200px \times 1 + 300px \times 1}$$

$$= \cfrac{3}{6} \text{即} (1/2)$$

那么 A 元素需要缩减 100×1/6，即 **16.66px**。

B 元素需要缩减 100×1/3，即 **33.33px**。

C 元素需要缩减 100×1/2，即 **50px**。

可以看到，这已经是最简单的案例了，倘若每个元素的 flex-shrink 值不一样的话，计算难度会更大，口算根本无法预测结果。**因此该属性的日常使用频率几乎为零**。我也建议你将 flex-shrink 设为 0。这样元素便不再缩减，省去了计算的烦恼。

案例 095　http://ay8yt.gitee.io/htmlcss/095/index.html，你可以打开这个网址在线查看结果。

现在，让我们回到本章一开始的问题：如何设置元素的自适应高度？答案很简单，就是使用 flex-grow（见图 10-15）。

图 10-15　自适应高度效果

父元素设置了主轴方向为垂直。橙色元素没有设置高度，但 flex-grow 设置为 1，蓝色元素设置了高度，但 flex-grow 没有设置，默认值为 0，那么父元素在主轴方向的剩余空间将全部被橙色元素占据。最终达到了橙色元素自适应的效果。

10.2 移动端网页综合练习 预计完成时间 57 分钟

接下来请你先放下手头的工作，排除一切杂念，坐在计算机前。因为这个案例可能要花费较长的时间，我希望你能一气呵成，以达到最佳学习效果。

请**仔细观察**（见图 10-16）中的案例，任何元素都不要放过，哪怕一根线条或一个图标。

图 10-16 网页整体效果

需先创建一个项目或目录，用来存放这个案例。案例中涉及的字体图标、图片等资源，可以通过以下链接进行下载。

案例 096 http://ay8yt.gitee.io/htmlcss/096.zip。

本案例中只涉及一个字体图标 🗑，使用方式：**`<span class="iconfont icon-shanchu">`**。

同时为了让页面能够适配所有移动端大小，我们采用 REM 单位进行等比缩放。动态改变 HTML 根元素的字体大小，这需要用到 JavaScript 编程。考虑到读者目前对 JS 编程还一无所知，因此这个 JS 文件我直接提供你，只需要下载下来，引入页面即可。文件名称为 **`rem.js`**，已经包含在 **`096.zip`** 压缩包中。解压出来之后，使用如下方式将它引入页面。

```
<!-- 引入字体图标 -->
<link rel="stylesheet" type="text/css" href="fonts/iconfont.css"/>
<!-- 引入页面 CSS 样式 -->
```

```
<link rel="stylesheet" type="text/css" href="css/style.css"/>
<!-- 引入 JS 文件,用于 REM 适配 -->
<script src="rem.js"></script>
```

考虑到 CSS 的代码量也比较大,这次我们改为写在单独的 **style.css** 文件中,并通过 **link** 标签引入该文件。

接下来让我们认真分析一下这个页面的结构,如图 10-17 和图 10-18 所示。

图 10-17 网页头部区域效果

图 10-18 网页头部区域布局结构分析

HTML 代码结构如下。

```
<header>
    <div>
        <img src="imgs/back.png" >
    </div>
    <div>
        <p class="options">
            <span>店铺</span>
            <img src="imgs/more.png" alt="">
        </p>
        <p class="input-wrapper">
            <input type="text" placeholder="搜索店铺" />
        </p>
    </div>
    <div>取消</div>
</header>
```

CSS 文件中需要设定 HTML 根元素字体大小为 10px,代码如下。

```
* {
    padding: 0;
    margin: 0;
}
html {
    font-size: 10px; /* 设置 rem 单位的基准值 * /
    background-color: #f6f6f6;
}
input, button {
```

```
    border: none;
}
header {
    height: 9rem;
    background-color: black;
    display: flex;
}
header div:nth-child(1) {
    text-align: center;
    width: 6rem;
    height: 100% ;
}
header div:nth-child(1) img {
    height: 100% ;
}
header div:nth-child(2) {
    flex-grow: 1; /* 宽度自动扩展,直至填满父元素 */
    display: flex;
    align-items: center; /* 子元素垂直方向,居中对齐 */
    margin: 0 5rem;
}
header div:nth-child(2) .options {
    background-color: white;
    height: 4rem;
    padding: 1rem 1rem 1rem 4rem;
    display: flex;
    align-items: baseline; /* 子元素有图文混排,因此设置基线对齐 */
    border-right: solid 0.1rem #aaa;
    border-top-left-radius: 3rem; /* 设定左上方圆角 */
    border-bottom-left-radius: 3rem; /* 设定左下方圆角 */
}
header div:nth-child(2) .options span {
    font-size: 2.6rem;
}
header div:nth-child(2) .options img {
    width: 1.6rem;
    height: 1.6rem; /* 在 flex 容器中,img 元素已经变成 block 类型,不再需要保持等比缩放 */
    padding-left: 0.4rem;
}
header div:nth-child(2) .input-wrapper {
    flex-grow: 1; /* 宽度自动扩展,直至填满父元素 */
}
header div:nth-child(2) .input-wrapper input {
    outline: none; /* 清除高亮边框效果 */
    border-top-right-radius: 3rem; /* 设定右上方圆角 */
    border-bottom-right-radius: 3rem; /* 设定右下方圆角 */
    padding-left: 2.2rem;
    width: 100% ;
```

```
    height: 6rem;
    box-sizing: border-box; /* 固定大小,padding 向内挤压 */
    font-size: 2.6rem;
}
header div:nth-child(3) {
    text-align: center;
    width: 9rem;
    line-height: 9rem;
    color: #ccc;
    font-size: 3.2rem;
}
```

每个元素都有大量的样式，看起来比较琐碎，但是仔细阅读的话，难度都不大。基本上凡是水平排列的布局，父元素都采用了 **flex**。输入框的部分采用了弹性宽度，即 **flex-grow: 1**。

一个值得注意的地方就是，输入框左侧的下拉菜单，**店铺**两个字右侧的下拉图标，实际上仔细观察的话，它们并不是底端对齐，而是在文字居中的情况下基线对齐。因此我使用了 **align-items: baseline;**。

接下来是历史搜索的部分，如图 10-19 和图 10-20 所示。

历史搜索　　　　　　　　　　　　　　　　　　　🗑

图 10-19　网页搜索区域效果

| span | | span |

图 10-20　网页搜索区域布局结构分析

HTML 代码如下。

```
<p class="search-history">
    <span>历史搜索</span>
    <span class="iconfont icon-shanchu"></span>
</p>
```

CSS 代码如下。

```
p.search-history {
    padding: 0 2rem;
    height: 9rem;
    background-color: white;
    display: flex;
    justify-content: space-between; /* 两端对齐 */
    align-items: center;
    border-bottom: solid 1px #ccc; /* 利用底边框制作分割线 */
    color: #888;
```

```
    font-size: 2.8rem;
}
span.icon-shanchu {
    font-size: 2.8rem; /* 覆盖.iconfont 默认字体大小 * /
}
```

这部分比较简单，唯一需要注意的地方就是使用了字体图标。字体文件已经在 `096.zip` 压缩包里提供了。

再接下来是搜索词推荐部分，如图 10-21 和图 10-22 所示。

图 10-21　网页搜索词推荐区域页面效果

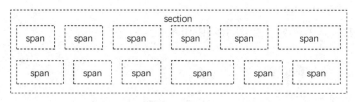

图 10-22　网页搜索词推荐区域布局结构分析

HTML 代码如下。

```
<section class="search-history-items">
    <span>芋圆</span>
    <span>牛排</span>
    <span>乌冬面</span>
    <span>咖啡</span>
    <span>自助餐</span>
    <span>密室逃生</span>
    <span>展览馆</span>
    <span>电影</span>
    <span>KTV</span>
    <span>主题公园</span>
    <span>文身</span>
    <span>农家乐</span>
    <span>娃娃机</span>
    <span>推拿</span>
    <span>摘草莓</span>
</section>
```

CSS 代码如下。

```
.search-history-items {
    padding: 2.8rem 0rem;
```

```
    display: flex;
    flex-wrap: wrap; /* 允许子元素换行 */
    background-color: white;
}
.search-history-items span {
    color: #555;
    background-color: #f2f2f2;
    font-size: 2.2rem;
    padding: 1rem 2rem;
    border-radius: 2.8rem;
    margin: 0 1.1rem 2.8rem;
}
```

图 10-21 是设计图效果，设计图通常都是较为理想状态的情况。实际的页面展示当中，标签的数量以及文字数量都是动态的，有时多有时少。因此理想中的效果和最终效果会有所差异，实际效果如图 10-23 所示。

芋圆	牛排	乌冬面	咖啡	自助餐	剧本杀
密室逃生	展览馆	农家乐	KTV	主题公园
纹身	电影	桌游

图 10-23　实际运行效果

这个效果与设计图略有一些差异，于是我们把水平排列方式改为 两端对齐。

修改后的 CSS 代码如下。

```
.search-history-items {
    ...
    justify-content: space-between; /* 两端对齐 */
}
.search-history-items span {
    ...
}
```

修改后的效果如图 10-24 所示。

芋圆	牛排	乌冬面	咖啡	自助餐	剧本杀
密室逃生	展览馆	农家乐	KTV	主题公园
纹身			电影		桌游

图 10-24　两端对齐

两端对齐的效果也并不理想，主要的问题在于最后一行的标签数量较少。因此最后一行必须进行特殊处理。也就是把最后一行变成靠左对齐。可是我们仔细地回忆一下前面所学的知识，好像没有哪个 CSS 样式可以单独处理最后一行啊？那么接下来，又到了我们的编程小技巧时间了，既然不能单独处理最后一行的排列方式，至少可以单独处理最后一个元素。

这个解决方案的思路就是，保持两端对齐的方式不变，人为制造一个多余的元素，并让它 `flex-grow:1`。同时，这个元素还必须做到"无色无味、没有存在感"，也就是对页面原本结构不能造成任何影响。改后效果如图 10-25 所示。

图 10-25　改后运行效果

我们使用伪元素 `::after` 来创建最后一个元素，将内容设为空，元素即不可见。

```css
.search-history-items::after {
    content: "";
    display: block;
    flex-grow: 1;
}
```

再接下来是制作图 10-26 的部分。

请选择您喜欢的

图 10-26　选择区域效果

图 10-26 这部分比较容易，就不做分析了，直接贴代码。

```html
<p class="favorite">请选择您喜欢的</p>
<div class="line"></div>
```

CSS 代码部分如下。

```css
.favorite {
    margin-top: 10rem;
    height: 9rem;
    line-height: 9rem;
    text-align: center;
    background-color: white;
    font-size: 3.2rem;
    color: #F07A1A;
}
div.line {
    width: 92vw;
    height: 1px;
    margin: 0 auto;
    background-color: #ccc;
}
```

再接下来是制作图 10-27 的部分。

图 10-27 选择关键词区域效果

图 10-27 这部分结构也比较简单，就直接贴代码了。

```html
<section class="favorite-items">
    <p>
        <span>甜点</span>
        <span>火锅</span>
        ...
    </p>
    <p>
        <span>东北菜</span>
        <span>烤肉</span>
        ...
    </p>
    <p>
        <span>温泉</span>
        <span>酒吧</span>
        ...
    </p>
    ...
</section>
```

CSS 代码部分如下。

```css
.favorite-items {
    background-color: white;
    padding-bottom: 7.5rem;
}
.favorite-items p {
    padding: 3rem 0 0;
    display: flex;
    justify-content: center; /* 主轴方向居中 */
}
.favorite-items p span {
    padding: 0.8rem 1.3rem;
    border: 1px solid #aaa;
    border-radius: 5rem;
```

```
    font-size: 2.2rem;
    margin: 0 0.8rem;
    color: #666;
}
```

最后完成"确定"按钮，案例就算是完成了。

HTML 代码部分如下。

```
...
<p class="confirm">
    <button class="confirm-button">确定</button>
</p>
```

CSS 代码部分如下。

```
.confirm {
    background-color: white;
    padding-bottom: 3rem;
    margin-bottom: 18rem;
    text-align: center;
}
.confirm .confirm-button {
    width: 20rem;
    height: 8rem;
    border-radius: 2rem;
    background-color: #EF9A49;
    color: white;
    font-size: 2.8rem
}
```

现在让我们来扫码体验一下自己编写的第一个移动端网页。

📙 单词表

英语是不好学但又非常必要的东西，如果你在读代码的过程中感到了吃力，多半是因为单词造成的。这里没有多余单词，只收集本章节当中出现过的。如果忘记了记得随时来翻一翻。

英文单词	音标	中文解释	编程含义
flex	/fleks/	弯曲、有弹性	有弹性的（布局）
between	/bɪˈtwiːn/	介于……之间	介于……之间
stretch	/stretʃ/	持续、延伸	持续、延伸
direction	/dəˈrekʃ(ə)n/	方向、方位	方向、方位
grow	/grəʊ/	长大、成长	长大、成长
shrink	/ʃrɪŋk/	缩小、减少	缩小、减少
history	/ˈhɪstəri/	历史	历史
favorite	/ˈfeɪvərɪt/	最喜爱的	最喜爱的

第 11 章　项目实战：制作个人站点

11.1　为什么需要个人网站 预计完成时间 3 分钟

在这本书的开篇我就讲过，本书的最终目标就是帮助零基础的读者完成一个自己的个人网站。为什么需要个人网站呢？我想即便你平时不刷抖音、不看 B 站，至少对自媒体这个词现在应该不陌生吧？这些年自媒体的迅速发展，让互联网有了一个很大的变化，我说的并不是那些"网红""达人"，而是社交圈的多元化。

因为自媒体的出现，让所有人都有了"被看见"的权力，也有了"被看见"的机会。于是，大家三五成群地聚集起来，可以在健身群里讨论健身方案，也可以同时在摄影群里讨论出片技巧，还可以同时在美食群里讨论某种食材的做法。以前我们很难发现这些人，而现在，你可以很轻易地在自媒体平台找到一些可能只在某个方面跟你志趣相同的人。哪怕你没有什么兴趣爱好，在公司团建、理发、陌生饭局、电梯偶遇领导等各种社交场合面前，也很容易能找到和自己存在一样困惑的网友。

这一切都得益于自媒体的发达，它让我们互相之间了解对方变得更容易。当然，我完全不鼓励你去成为一个"网红"，因为那需要极大的努力、极好的运气、极高的天赋，甚至可能还会有极高的成本。自媒体的形式也是多种多样，或许你并不擅长短视频的创作，那么或许文字图片更合适你。但不管选择哪一种，你都需要一个能展示自己的地方。

以前的人在交朋友或找工作时，会留下名片（见图 11-1）。

现在的人在交朋友或找工作时，会留下微博、抖音、小红书、知乎、B 站、微信订阅号。现在，你还可以多增加一样东西，那就是个人网站的 URL（见图 11-2）。

图 11-1　名片　　　　　　　　　　　　图 11-2　个人网站的 URL

个人网站类似你的在线简历，并且可以不受任何平台的限制，随心所欲地上传要展示的内容，并且把它改成自己喜欢的样式风格。以后无论找工作，还是交朋友，一个独特的、有个性的个人网站不仅能有效地展示个人的全部信息，同时也告诉对方，你是一个极具动手能力的勤快人。

11.2 动手之前先学点设计　预计完成时间 12 分钟

11.2.1 拟物化与扁平化

玩笑话：不想当厨子的裁缝不是个好司机。作为一个专业的前端开发，想要独立完成一些个人作品（例如个人网站的制作），多少还是得具备一点审美能力的。你可能也听说过，在互联网上程序员被人吐槽最多的，就是审美能力不及格。

无论你之前是不是程序员，或者是否打算成为一个程序员，我都建议你了解一些基本的设计常识。当然，我不会跟你长篇大论讲解那些设计概念，只会从实用的角度出发，讲讲日常工作中应用较主流的网页设计风格或一些颜色搭配技巧。

我并不是专业的设计师，也没有深入研究过平面设计的相关知识，以下所讲的，仅仅是一个具有多年开发经验的老前端工程师的经验总结，也是我多年工作经历的精华。这些观点不一定都适合你当下的项目，但肯定是"干货"，因为我从不讲自己都不相信的东西，希望能为读者抛砖引玉或至少提供一点思路。

1. 先说风格

网页的风格从大的方向上说分为两个极端：一个叫拟物化，一个叫扁平化。你在网上看到的那些什么"拟态风格"，还有谷歌的"Material 风格"，实际上都是它们的中间产物，这个我们后面再说。下面先来看一个典型的拟物风格，如图 11-3 所示。

图 11-3　统信 UOS

这是国产操作系统统信 UOS 的界面，系统内核采用了 Linux。精致大图标的这种风格相信熟悉 macOS 系统的小伙伴并不会陌生。之所以叫拟物化，就是因为它的 UI 形象完全模拟了现实世界的物体。电源管理，就真的画了一个电池；鼠标设置，就真的画了一个鼠标。它看起来非常真实，也能一眼就让人看明白其作用，不用过多解释。

这种拟物化的风格，最早流行于苹果的 macOS 系统。为了使得整体的风格统一，macOS 系统里的软件设置也将拟物化做到了极致。比如它的图标风格（见图 11-4）、备忘录（见图 11-5），以及用来阅读电子书籍的阅读器（见图 11-6）。

图 11-4　macOS 图标风格

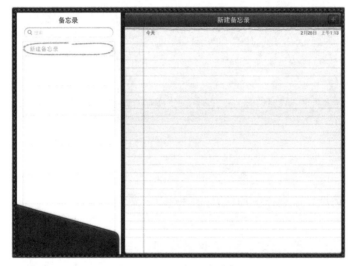

图 11-5　macOS 备忘录

图 11-6　macOS 阅读器

macOS 系统绝对可以说是把拟物化做到了极致。后来的锤子手机，Smartisan OS 操作系统也使用了这种风格（见图 11-7）。相比较而言，UOS 系统的风格实际上已经做了不少改良，没有那么极致了。

图 11-7　Smartisan OS 界面

之后的苹果公司改变了美学理念，转向了扁平化。锤子手机的 Smartisan OS 在网上的评价也是两级分化。造成这个现象的原因，主要有以下两个。

第一，拟物化的成本过高。因为要保证风格的统一，网页或整个系统所有的界面都要做拟物设计，工作量是极大的。在同样的时间周期内，足够完成一个精致的图标设计，或一整张网页的设计。另外，这对设计师的绘画功底也提出了更高要求，意味着公司必须花大价钱去市场上招聘薪金更高的设计师，仅仅会 PS 是肯定不够的。

第二，拟物化的难度太大。拟物的本质就是要还原真实的世界。然而现实世界也不是处处都美好的，并不是说模拟得越像越真实，就一定会越好看（见图 11-8）。现实世界里的东西也因人而异分美丑和三六九等，意味着设计师必须在现实生活中也具备极好的审美能力，这确实是非常难的。因此极致的拟物化风格，往往最后都出力不讨好，这就是越来越多的公司会放弃它的原因。

图 11-8　拟物化

接下来再说说扁平化，这个最早是由微软带动的风格。它们的手机操作系统 WinPhone 如图 11-9 所示。

不得不说，最初这种风格一般人还真是需要适应一段时间的……微软给这种风格起了个好听的名字叫 Modern UI，但很可惜，这种风格并没有被广泛接受。但是扁平化确实能带来一些巨大的好处，它不仅大大降低了设计难度和成本，也使得很多时候界面按钮的辨识度更高，如图 11-10 所示。

图 11-9 扁平化

图 11-10 按钮的扁平化

　　仔细观察画面中的功能按钮，这是典型的扁平化风格，没有纹理和光影，只有一个简单的形状。尽管如此，你也不难识别出它们的各自功能：👍点赞、🪙投币、↗转发、📺弹幕等。在当前这个场景中，使用拟物化是非常不合适的。因为主体画面是一个动态视频，画面内容已经足够丰富了。这个时候如果在画面中堆叠上一堆实物按钮，看起来就会非常突兀。

　　因此，扁平化开始迅速流行起来。不过，大家并没有像微软那么极致，而是进行了各种各样的改良版本，比如说拟态风格。什么是拟态呢？简单地说，就是把拟物中的纹理这些最复杂的部分去掉，同时简化物体形象，只保留一些阴影效果来增强立体感。一个典型的拟态风格如图 11-11 所示。

　　简单地说，现在市面上的大多数设计风格都是拟物化和扁平化折中的产物。从图 11-12 中可以比较形象地看到它们之间的差别。

　　由于现实物体有很多细节需要展现，因此拟物风格经常要把尺寸做得非常大才会好看。一般来说，新手还是不建议使用拟物风格，因为好看的拟物通常自己画不出来，只能去网络上找素材，而收集来的素材风格又很难形成统一。最终很容易弄巧成拙，把网页设计得四不像。所以下面我要再讲讲目前比较流行的 UI 风格。观察下面这两个按钮（见图 11-13），能看出它们有什么差别吗？

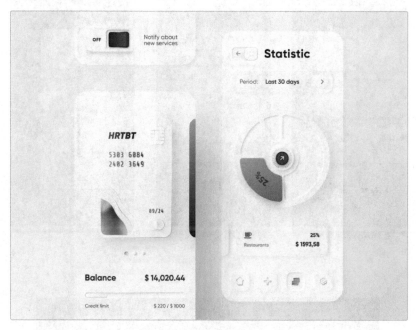

图 11-11　拟态风格

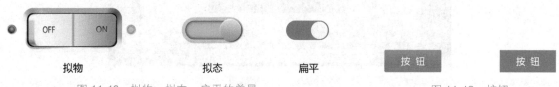

拟物　　　　　　　　　拟态　　　　　　扁平

图 11-12　拟物、拟态、扁平的差异

图 11-13　按钮

　　为什么左边的按钮看起来让人觉得更舒服？对比之后，我现在来揭晓答案。左边的按钮使用了非常微弱的阴影，同时增加了非常微弱的圆角，你看出来了吗？不仅如此，按钮还做了非常微弱的由上至下的颜色过渡。它有扁平化的优点，同时又微弱地保留了拟物的风格，这样看起来既舒服又容易产生统一风格。再比如图 11-14，适当地使用纹理，也可以让一些文字内容变得既干净又不单调。

图 11-14　纹理背景

2. 再说说配色

配色对专业性来说，还是有一定要求的。当然，有时候红配绿也能产生不一样的效果。这个就要看天赋了。不过这里面还是有一些基本的规律可以遵循的。掌握了这些至少可以让你的网页设计在及格线以上。

先说黑色，通常情况下，大面积的黑色背景会给人更加专业的感觉。色彩甚至会更显鲜艳，效果如图 11-15 所示。

如果感受不强烈的话，对比一下白色背景（见图 11-16）就会更加明显。

图 11-15 黑色背景

图 11-16 白色背景

这是什么原因呢？首先我们知道，所谓黑色，即不反射任何可见光。也就意味着画面中的信息内容会变得更少，这个时候人的大脑会更加集中处理那些可见的部分。而一旦屏蔽掉其他多余信息，大脑进入了相对更专注的状态，也会引发我们更多的思考，而更多的思考，则给我们带来了所谓的"专业感"。所以我们平时看电影，通常是需要关灯的，这样做是为了让你更专注于剧情和画面，从而达到最好的观影效果。

因此当你希望给人更为专业的感觉时，就可以使用较深的色系。反之，我们使用明亮的色系，将对比度降低很多之后，就形成了所谓的**"小清新"**风格。

一般来说，一个网页中的颜色不宜过多，最好选择常见的颜色（见图 11-17），一些颜色搭配的方案在互联网上可以搜到很多，这里我就不过多列举了。

图 11-17 色彩搭配

其中主要色彩（即较为鲜艳突出的颜色）不要超过 3 种，通常来讲要遵循一定的比例分配，比如 6：3：1 （主色彩是 60% 的比例，次要色彩是 30% 的比例，辅助色彩是 10% 的比例）是一个相对合理的比重。图 11-18 所示为 B 站某个页面的色彩使用比例。

不建议使用过多颜色的主要是因为一个网页中大部分内容其实来自图片或文字。而图片中所包含的颜色信息已经很多了。如果网页的基本元素颜色过多，会导致这些颜色与图片产生冲突，降低网页的视觉观感，产生混乱的感觉。

讲了这么多，说实话，这很难在短时间内全部消化吸收。但是至少，你现在多少有了一

些基本的辨识能力。所以接下来这个建议，对你来说也许比较实用：初期可以模仿和借鉴你
喜欢的网站风格进行设计，等积累了一定经验和技巧后再尝试完全个人创作。

图 11-18　B 站某页面的配色

我收集了一些优秀的个人网站案例，供你参考。

案例 01：http：//raycheung.me	案例 02：https：//colly.com
案例 03：https：//johnhenry.ie	案例 04：https：//i.dmego.cn
案例 05：https：//tomotoes.com	案例 06：http：//www.nange.cn
案例 07：https：//qing.cool	案例 08：http：//121.43.33.134/index.html
案例 09：https：//siena.zone	案例 10：https：//www.kezez.com
案例 11：https：//iissnan.com	

考虑到这些都是个人的站点，可能会不太稳定，也许哪天就无法查看了，因此我将这些
网站都进行了截图保存，你可以到这里进行查看：http：//ay8yt.gitee.io/htmlcss/cases.html。

11.2.2　复杂的动画如何处理

通常，在没有专业设计师的辅助下，我不建议你在个人网站增加太多的动画。适当的动
画可以增加用户体验，但绝对不是以炫技为目的。这里给你推荐一个 CSS 动画库
`Animate.css` 。官网地址：https：//animate.style/ 。这个 CSS 文件中定义了多个预设的帧
动画，你可以利用 `hover` 添加一些自己喜欢的特效。别着急，在后面的小节里我还会教你一
些常见的特效制作。

11.3　需要花钱买服务器吗 预计完成时间 60 分钟

如果没有从事开发工作，那么我想对你来说最关心的，莫过于服务器的问题怎么搞定了。那我先说结论，好消息是服务器可以免费。当然这需要一定的代价，因为万事皆有成本。

首先，请你先了解这样一个网站 https://gitee.com，它的中文名称叫作**码云**。如今 Gitee 已经成为了国内最大的 **代码托管平台**。

什么是代码托管平台?

简单理解，代码托管平台就是一个专门用来保管和分享代码的云平台。注册账号后，你就可以建立自己的仓库，并将代码上传，同时也可以分享给别人。别人可以给你的代码关注、点赞，给你的代码找 BUG，甚至帮你修复 BUG。不仅如此，平台还提供了免费的静态服务器，也就是说，如果你的代码是纯前端的（只包含 HTML\CSS\JavaScript），那就可以免费将它部署至服务器，然后使用特定的域名来访问你的网站了。怎么样? 听上去很不错吧?

先别高兴得太早，刚才说过凡事都有成本，所以接下来，要仔细按照下面的步骤进行操作，这当中可能有让你无法理解的部分，我尽量化繁为简，顺利的话，大概在接下来的 1 个小时内就可以使用网址访问到自己的网页了。

第 1 步，创建项目

打开你的 Hbuilder X，创建一个项目，保存的路径要慎重一点选择。因为这个项目创建完成之后，不可以再轻易更换位置。以我的代码为例，将它保存在 D 盘的根目录下 D:\gabrielpage，然后在 index.html 页面中，写下一行测试的代码。

```
<body>
    欢迎光临我的个人网站
</body>
```

第 2 步，注册 Gitee

如图 11-19 所示，姓名类似于昵称，个人空间地址的名字默认跟姓名保持一致。将来你

图 11-19　注册页面

的网站地址会以这个作为后缀。比如你的姓名叫 **ay8yt** ，那么未来你的网站域名大概如下 http://ay8yt.gitee.io 。注意，手机号必填，作为登录用的账号。

第 3 步，创建一个仓库

在创建完账号并登录后，单击右上角的【+】号，选择【**新建仓库**】命令，进入新建仓库页面，如图 11-20 所示。

图 11-20　新建仓库

第 4 步，保存仓库地址

创建完成后，会来到仓库界面，如图 11-21 所示。

图 11-21　查看仓库

第 5 步，下载并安装 git 客户端

有了这个客户端，你才可以上传和下载代码。安装过程一直单击【下一步】按钮，即可顺利完成。

Windows 版

https：//github. com/git-for-windows/git/releases/download/v2. 42. 0. windows. 2/Git-2.
42.0.2-64-bit.exe

macOS 版

https：//sourceforge.net/projects/git-osx-installer

第 6 步，将项目代码上传至仓库

首先你要打开命令行窗口，然后通过命令进入你的项目所在目录。

Windows 版

使用 ⊞ R 组合键，然后输入 cmd 后敲回车（Enter）键，就可以打开命令行窗口了，如
图 11-22 所示。

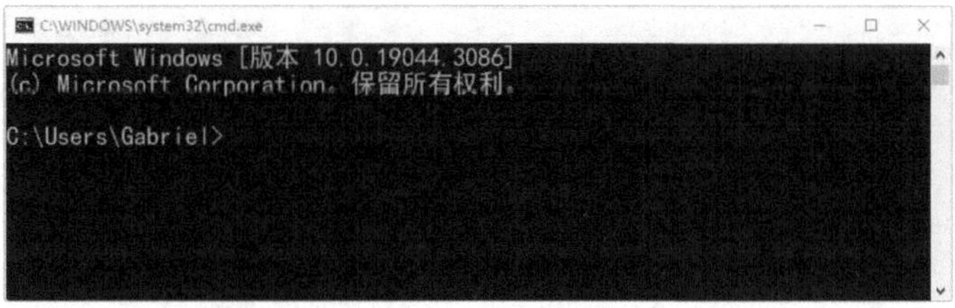

图 11-22　命令行窗口

接下来输入 cd /d D：\gabrielpage 命令并敲回车键，就会进入这个目录，如图 11-23 所示。

图 11-23　输入命令

输入 git config --global user.name " jiabaili"

其中 jiabaili 是用户名，你自己随便起一个就行。

输入 git config --global user.email " 875886087@ qq.com"

其中 875886087@ qq.com 是邮箱，你随便填一个就行。

输入 git init

该命令用于初始化仓库。

输入 git add -A

该命令用于扫描并记录所有要提交的文件。

（续）

输入 `git commit –m " 第一次提交"`
该命令用于保存文件到本地的仓库中，"第一次提交"是需要你自己填写的备注。
输入 `git remote add origin " 你的仓库地址"`
这里用到了你刚才保存的仓库地址。
输入 `git push -u origin master`
这是最后一步，会把代码提交到云端的仓库里。

这时你回到仓库的页面再次刷新它，就能看到变化了，如图 11-24 所示。

图 11-24　查看仓库

macOS 版

使用 Command（⌘） + 空格 组合键，然后输入**"终端"**，敲回车键后就可以打开命令行窗口了。

接下来的操作几乎和 Windows 完全一致，注意 macOS 系统没有盘符的概念，当你使用 cd 命令进入指定的目录时， / 表示你的根目录，或者可以直接拖拽文件夹到命令行窗口即可。如果你对 macOS 系统的基本目录结构都不熟悉的话，建议还是换成 Windows 系统。

第 7 步，将仓库公开

要想使用免费服务器有个条件，那就是仓库必须是开源的，不可以设置为私有。刚刚我们在建立仓库时，选择了 私有 ，所以现在要把它改为 开源 。在仓库页面，选择【管理】命令后修改设置，如图 11-25 所示。

图 11-25　修改仓库为开源

第 8 步，将代码部署至免费服务器

在仓库页面，选择【服务】菜单中的【Gitee Pages】命令，之后不用填写任何内容，单击【启动】按钮即可，如图 11-26 所示。

图 11-26 启动服务

启动成功后，将会看到你的专属网址。大功告成！

> 以上步骤虽然有些烦琐，但一切都是值得的！

11.4 项目的开发过程 预计完成时间 5 分钟

接下来，当你更改自己的网页，还需要重新将代码再次提交到云端仓库，并重新部署至服务器。依次输入如下命令。

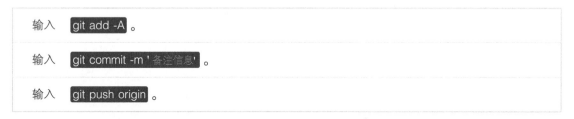

然后来到仓库页面，选择【服务】中的【Gitee Pages】命令，在页面中单击【更新】按钮即可。

一些开发注意事项

1. 先准备素材

当确定好自己要做的网页效果后，请务必先把其中用到的图片素材先保存好，如果没有提前准备素材就直接动手开发的话，后果可能会很严重。比如辛苦设计了一个精美的样式，代码正写到酣畅淋漓之际，眼看就要大功告成，这时发现自己忘记提前准备图片，然后又要花 10 分钟去重新找到并下载这张图片。作为大部分有强迫症倾向的程序员，此时内心的崩溃是无法用语言形容的。别问我为什么对这种心态这么了解，谁还没当过新手啊？

需要提前准备的素材包含所用图片以及所需图标，推荐去 iconfont.cn（知名矢量图标管理网站）上面去下载。

<u>2. 准备好通用样式</u>

为了提高开发效率，很多重复的样式可以提前准备好，避免反复编写代码浪费劳动力。鉴于你目前还没有这方面的经验，我准备了一份常见的通用样式以供参考。

```css
body,h1,h2,h3,h4,h5,h6,hr,p,ul,ol,li,form,button,input,textarea,th,td  {
    margin:0;
    padding:0;
}
ul,ol{
    list-style:none;
}
input, textarea {
    outline: none;
}
a {
    text-decoration:none;
}
a:hover{
    text-decoration:underline;
}
table{
    border-collapse:collapse;
    border-spacing:0;
}

.fl {
    float: left;
}
.fr {
    float: right;
}

/* 清除浮动 */
.clear::after{
    content: "";
    display: block;
    clear: both;
}

.text-center {
    text-align: center;
}

.pos-abs {
    position: relative;
```

```
}
.pos-rel {
    position: absolute;
}

.show {
    display: block;
}
.hide {
    display: none;
}

.mg-auto {
    margin: 0 auto;
}

/* 去除边框 */
.no-border {
    border: none;
}

/* 禁止复制文本内容 */
.no-select {
    user-select: none;
}

/* 使其子元素水平垂直居中 */
.flex-center {
    display: flex;
    justify-content: center;
    align-items: center;
}

/* 禁止水平滚动 */
.noscroll-x {
    overflow-x: hidden;
}

/* 禁止垂直滚动 */
.noscroll-y {
    overflow-y: hidden;
}

/* 字体大小快捷设置，默认大小 16px */
.fz-12 { font-size: 12px; }
.fz-14 { font-size: 14px; }
.fz-18 { font-size: 18px; }
.fz-20 { font-size: 20px; }
```

```
.fz-22 { font-size: 22px; }
.fz-24 { font-size: 24px; }
.fz-26 { font-size: 26px; }
.fz-28 { font-size: 28px; }
.fz-30 { font-size: 30px; }


/* margin 大小快捷设置 */
.mgt-5 { margin-top: 5px; }
.mgt-10 { margin-top: 10px; }
.mgt-15 { margin-top: 15px; }
.mgt-20 { margin-top: 20px; }
.mgt-25 { margin-top: 25px; }
.mgt-30 { margin-top: 30px; }
.mgr-5 { margin-right: 5px; }
.mgr-10 { margin-right: 10px; }
.mgr-15 { margin-right: 15px; }
.mgr-20 { margin-right: 20px; }
.mgr-25 { margin-right: 25px; }
.mgr-30 { margin-right: 30px; }
.mgb-5 { margin-bottom: 5px; }
.mgb-10 { margin-bottom: 10px; }
.mgb-15 { margin-bottom: 15px; }
.mgb-20 { margin-bottom: 20px; }
.mgb-25 { margin-bottom: 25px; }
.mgb-30 { margin-bottom: 30px; }
.mgl-5 { margin-left: 5px; }
.mgl-10 { margin-left: 10px; }
.mgl-15 { margin-left: 15px; }
.mgl-20 { margin-left: 20px; }
.mgl-25 { margin-left: 25px; }
.mgl-30 { margin-left: 30px; }


/* padding 大小快捷设置 */
.pdt-5 { padding-top: 5px; }
.pdt-10 { padding-top: 10px; }
.pdt-15 { padding-top: 15px; }
.pdt-20 { padding-top: 20px; }
.pdt-25 { padding-top: 25px; }
.pdt-30 { padding-top: 30px; }
.pdr-5 { padding-right: 5px; }
.pdr-10 { padding-right: 10px; }
.pdr-15 { padding-right: 15px; }
.pdr-20 { padding-right: 20px; }
.pdr-25 { padding-right: 25px; }
.pdr-30 { padding-right: 30px; }
.pdb-5 { padding-bottom: 5px; }
```

```
.pdb-10 { padding-bottom: 10px; }
.pdb-15 { padding-bottom: 15px; }
.pdb-20 { padding-bottom: 20px; }
.pdb-25 { padding-bottom: 25px; }
.pdb-30 { padding-bottom: 30px; }
.pdl-5 { padding-left: 5px; }
.pdl-10 { padding-left: 10px; }
.pdl-15 { padding-left: 15px; }
.pdl-20 { padding-left: 20px; }
.pdl-25 { padding-left: 25px; }
.pdl-30 { padding-left: 30px; }

/* 美化滚动条 */
::-webkit-scrollbar-track-piece { /* 滚动条凹槽的颜色,还可以设置边框属性* /
  background-color:#f8f8f8;
}
::-webkit-scrollbar { /* 滚动条的宽度* /
  width:6px;
  height:6px;
}

::-webkit-scrollbar-thumb { /* 滚动条的设置* /
  background-color:#dfdfdf;
  background-clip:padding-box;
  min-height:28px;
  border-radius: 3px;
}
::-webkit-scrollbar-thumb:hover {
  background-color:#bbb;
}
```

11.5　常见特效的实现 　预计完成时间 150 分钟

11.5.1　动态背景

如果一个布娃娃的眼睛能晃动，那么立刻就会变得活泼很多了。因此，如果我们能让网页的背景图动起来，效果应该也是不错的，这是一个非常有效的小技巧。

需要强调的是，做这种效果对背景图片的要求还是很高的。因为当背景图开始不停滚动时，图片的首尾必须能够无缝衔接。就像之前的 案例 031 那样，以下是参考案例（见图 11-27）。

背景图运动的原理，就是使用帧动画让背景图水平或垂直移动，移动距离和图片大小一致，这时图像和原始画面刚好重叠，动画结束并重新循环。该技术的核心代码如下。

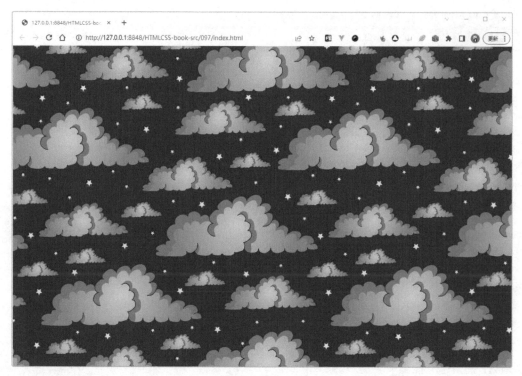

图 11-27　案例效果

```
html,body {
    margin: 0;
    height: 100% ;
    background-image: url(001.jpg);
    animation: bgmove 35s linear infinite; /* 循环执行动画 */
}
@ keyframes bgmove {
    0% {
        background-position-x: 0;
    }
    100% {
        background-position-x: 700px; /* 背景图的水平位移,和宽度刚好相等 */
    }
}
```

案例 097 http://ay8yt.gitee.io/htmlcss/097/index.html，你可以查看这个网页并打开 控制面板进行调试。

　　另外，还有一种情况就是，图片只在水平方向无缝拼接，而垂直方向则不行。这时可能需要根据情况灵活处理了。如图 11-28 所示，此时拉伸图片并不是一种很好的做法，因为拉伸之后便很难计算图片的宽度了。

　　这时观察到图片的顶部是均匀的蓝色，于是我们可以将背景色同时设为相同的蓝色。便得到了一个 "完整" 的背景，如图 11-29 所示。

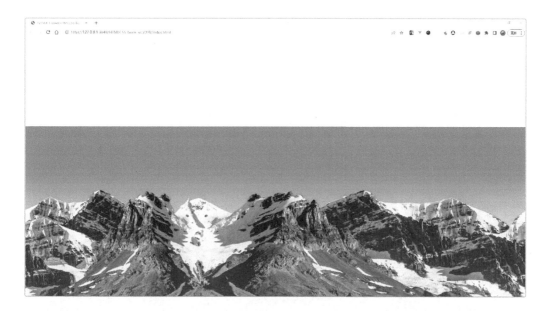

图 11-28　初始效果

```
html,body {
  margin: 0;
  height: 100% ;
  background-image: url(002.jpg);
  background-color: #348cb2;
  background-repeat: repeat-x;
  background-size: 100% ;
  background-position: left bottom;
  animation: bgmove 45s linear infinite;
}
body {
  position: relative;
}
body::after {
  content: '';
  display: block;
  height: 100% ;
  width: 100% ;
  /*  图片本身色调太难,加了一层透明的过渡蒙版,底部偏白色 * /
  background-image: linear-gradient(to bottom, rgba(255,255,255,0), rgba(255,255,255,0.3));
  z-index: 99;
}
@ keyframes bgmove {
  0%  {
    background-position-x: 0;
  }
  100%  {
```

```
    background-position-x: 100vw; /* 图片水平拉伸了,因此宽度为 100vw */
  }
}
```

图 11-29 设置背景效果

案例 098 http://ay8yt.gitee.io/htmlcss/098/index.html，你可以查看这个网页并打开 控制面板进行调试。

　　当使用了图片作为背景时，这时就要注意，背景图片的内容跟你的网页内容是有可能产生冲突的。所以这个时候，通常建议网页的内容要手动去设定白色背景，如图 11-30 所示。

图 11-30 设定白色背景

案例 099 http://ay8yt.gitee.io/htmlcss/099/index.html，你可以查看这个网页并打开控制面板进行调试。

如果你的网页内容基本只有文字和图标的话，也可以尝试使用毛玻璃背景，从而增加文字的质感，如图 11-31 所示。

图 11-31 毛玻璃背景效果

这种毛玻璃的实现原理，就是透明的背景色再加上一个模糊滤镜效果：`backdrop-filter: blur(10px);`，blur 当中的像素越大，模糊程度越强。

案例 100 http://ay8yt.gitee.io/htmlcss/100/index.html，你可以查看这个网页并打开 控制面板进行调试。

11.5.2 banner 图切换

banner 图切换是网页中极为常见的效果。大多数情况下，它们都是由 JavaScript 配合 CSS 实现的。而接下来我所教你的是纯 CSS 的写法，也就是不需要一行 JS 代码，也能完成一个轮播图效果，如图 11-32 所示。

图 11-32 常见 banner 图效果

先把 HTML 代码结构写出来。

```
<ul class="slider-container">
    <li class="slider-item item1">
        <img src="imgs/01.jpeg" alt="">
    </li>
    <li class="slider-item item2">
        <img src="imgs/02.jpeg" alt="">
    </li>
    <li class="slider-item item3">
        <img src="imgs/03.jpeg" alt="">
    </li>
    <li class="slider-item item4">
        <img src="imgs/04.jpeg" alt="">
    </li>
</ul>
```

接下来分析一下实现这个效果的思路。假设我们一共有 4 张图片要进行切换。每张图片显示 4 秒（s），图片切换的过程使用渐变的形式，切换时间为 1 秒。所有图片轮询一次总共需要 20 秒。

也就是说，4 张图片完整的切换周期是 20 秒，每张图片在一个周期内，显示 4 秒，淡出 1 秒，隐藏 14 秒，淡入 1 秒。我们可以将时间分布画出来，如图 11-33 所示。

图 11-33　图片切换周期

这样一来，我们就可以写出一个动画效果。

```
@ keyframes fade {
    0% {opacity: 1; }
    20% {opacity: 1; } /* 0% 到 20% 即 4 秒的时间,保持显示状态 */
    25% {opacity: 0; } /* 20% 到 25% 即 1 秒的时间,由显示过渡到隐藏 */
    95% {opacity: 0; } /* 25% 到 95% 即 14 秒的时间,保持隐藏状态 */
    100% {opacity: 1; } /* 95% 到 100% 即 1 秒的时间,由隐藏过渡到显示 */
}
```

但要注意的是，我们并不能直接把这个动画作用在每一个元素身上，这样 4 张图片就会同时出现并同时隐藏，而现在需要的是交替出现的效果。也就是说，只需要让每个元素在执行动画时，能错开 5 秒钟的时间差即可，原理如图 11-34 所示。

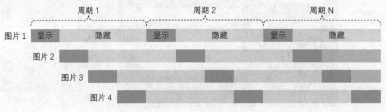

图 11-34　所有图片动画原理图

> 于是我们便可以添加动画了。

```
.slider-item.item1 {
    animation: fade 20s linear 0s infinite;
}
.slider-item.item2 {
    animation: fade 20s linear 5s infinite;
}
.slider-item.item3 {
    animation: fade 20s linear 10s infinite;
}
.slider-item.item4 {
    animation: fade 20s linear 15s infinite; /*  linear 表示线性过渡,延迟 15 秒开始 * /
}
```

　　这里有一个特别要注意的细节，由于图片都使用了绝对定位重叠在一起，根据书写的自然顺序，图片 4 应该是默认层级最高的。这就意味它会覆盖其他所有图片导致动画效果在一开始无法呈现。最简单的解决办法就是将图片的书写顺序翻转，将图片 1 放在最后，使得它的层级变高。因此修改 HTML 代码结构如下。

```html
<ul class="slider-container">
    <li class="slider-item item4">
        <img src="imgs/04.jpeg" alt="">
    </li>
    <li class="slider-item item3">
        <img src="imgs/03.jpeg" alt="">
    </li>
    <li class="slider-item item2">
        <img src="imgs/02.jpeg" alt="">
    </li>
    <li class="slider-item item1">
        <img src="imgs/01.jpeg" alt="">
    </li>
</ul>
```

　　案例 101　http://ay8yt.gitee.io/htmlcss/101/index.html，你可以查看这个网页并打开 控制面板进行调试。

11.5.3　时间轴效果

　　时间轴是个人网站中一种常见效果，这里我挑一种最典型的示范一下，如图 11-35 所示。
　　在这个案例中，难点的部分主要来自于两条时间轴线连接处的曲线。实现这个曲线其实也比较容易，那就是利用圆角和边框。通常我们会利用伪元素来制作这个曲线，首先利用border-radius∶50%制作一个圆，并将其中左上角和左下角的圆角都设置为 0，然后再去掉左边框即可达到效果。最后通过定位移动到合适位置即可，如图 11-36 所示。
　　案例 102　http://ay8yt.gitee.io/htmlcss/102/index.html，你可以查看这个网页并打开 控制面板进行调试。

图 11-35 时间轴效果

```
border-radius: 50%; /* 设置圆角 */
border: 1px solid #ccc;
border-top-left-radius: 0;  /* 去除左上角圆角 */
border-bottom-left-radius: 0; /* 去除左下角圆角 */
```

去掉左边框
```
border-radius: 50%; /* 设置圆角 */
border: 1px solid #ccc;
border-top-left-radius: 0;  /* 去除左上角圆角 */
border-bottom-left-radius: 0; /* 去除左下角圆角 */
border-left: none; /* 去除左边框 */
```

图 11-36 圆角边框的使用技巧

11.5.4 美化卡片列表

如何让卡片列表显得不单调呢？来，先看效果（见图 11-37）。

图 11-37 卡片列表效果

这个案例中的重点显然是那条波浪线了。该如何制作它呢？在之前的 案例 067 中，我们曾使用过 `linear-gradient` 这个属性来制作渐变的背景色。这一次，我们换一个类似的属性 `radial-gradient`，它叫作**径向渐变**，就是从圆心向四周渐变过渡。二者的区别如图 11-38 所示。

径向渐变

background: radial-gradient(circle, #00B050■, #F88B47■);

线性渐变

background: linear-gradient(to right, #00B050■, #F88B47■);

图 11-38　背景的径向渐变与线性渐变

接下来，我们就可以利用这个径向渐变来制作波浪线了。

第一步，使用明确的边界来代替过渡，画出一个圆，如图 11-39 所示。

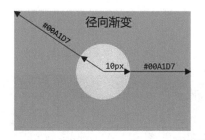

图 11-39　画出圆

第二步，将这个过渡图像缩小。**radial-gradient** 的本质相当于添加了一个背景图，只不过这个背景图大小默认跟元素一致。现在我们手动把它缩小一些，如图 11-40 所示。

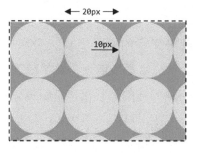

图 11-40　缩小圆

注意！当我们把图像缩小为 **20px×20px** 大小时，之所以会看到重复的图像，是因为背景图默认就有 repeat（平铺）属性。

第三步，调整元素的大小，只露出圆的上半部分，如图 11-41 所示。

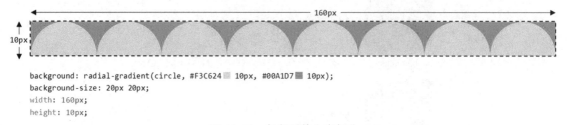

```
background: radial-gradient(circle, #F3C624 ▢ 10px, #00A1D7 ▢ 10px);
background-size: 20px 20px;
width: 160px;
height: 10px;
```

图 11-41　保留圆的上半部分

最后一步，我不说估计你也猜到了，把蓝色变成透明色即可。

小技巧：透明色可以用 transparent 单词表示。

案例 103　http://ay8yt.gitee.io/htmlcss/103/index.html，你可以查看这个网页并打开 控制面板进行调试。

11.5.5　打字机效果

使用打字机效果来完成自己的首页欢迎语，是不是显得非常有档次（见图 11-42）。

图 11-42　打字机效果

实现这个打字机效果的核心思路，就是文字的逐个出现。实际上我们只要将容器的 overflow 设置为 hidden ，然后将宽度从 0 开始逐步增大，文字就可以像打字机一样一个挨一个地出现了。同时我们还需要做一个不停闪烁的光标出来，根据之前的经验，使用伪元素就可以完成。来看下核心代码。

```
.content { /* 文字容器 */
    overflow: hidden;
    white-space: nowrap; /* 强制文字不换行 */
    animation: typing 3s steps(18); /* 用时 3 秒,分 18 步完成动画 */
    position: relative;
}
.content::after { /* 光标 */
    content: '';
```

```
    width: 2px;
    height: 40px;
    position: absolute;
    right: 0;
    background-color: #fff;
    animation: cursor-bling 1s infinite; /* 1 秒,无限循环动画 * /
}
@ keyframes typing { /* 打字动画,从宽度 0 到宽度 18em * /
    0% {width: 0; }
    100% {width: 18em; }
}
@ keyframes cursor-bling { /* 光标闪烁动画,前半段透明色,后半段白色 * /
    0% {background-color: transparent; }
    50% {background-color: transparent; }
    51% {background-color: #fff; }
    100% {background-color: #fff; }
}
```

有两个地方需要着重地解释一下，首先是 `typing` 打字动画，使用了 `steps(18)` ，这是什么意思呢？由于我们的 **typing** 动画只定义了两个关键帧，所以实际的动画效果就是，元素的宽度会从 `0` 过渡到 **18em** （相对长度单位）。你是不是想问 em 是什么单位，先别着急，这是第二个问题，待会再解释。

真正的打字机，文字是一个一个跳出来的，如果宽度平滑变大，效果看起来就不真实了。假设有 18 个文字，当然希望整个动画分成 18 步，跳跃式完成，不再有过渡效果，这样的打字效果才会更加逼真，因此我才用了 `steps(18)` 。

然后再说 **em** 这个单位。动画虽然现在可以跳跃式的完成，但每次应该增加多少宽度呢？换句话说，一个字的宽度是多少呢？由于每个字符的宽度不尽相同，如果还用 **px** 这种单位的话就很难计算。而 **em** 这个单位，刚好代表一个文字，所以容器的宽度为 **18em** 。

案例 104 http://ay8yt.gitee.io/htmlcss/104/index.html，你可以查看这个网页并打开 控制面板进行调试。

11.6 如何添加音频和视频 预计完成时间 10 分钟

原本我并不想讲关于音频和视频的内容，因为这部分效果需要搭配 JavaScript 编程来实现。但我知道有些人喜欢在博客里添加背景音乐，甚至有些人可能已经有了自己的自媒体账号，迫切想把自己的视频也放进去。鉴于目前你学习的技术和时间，因此这里会介绍最高效的方式，也许可控性可能会差一些，但至少目前来说应该是够用的。

11.6.1 添加音频

使用 `audio` 这个标签就可以实现音频播放。这有个小例子你可以感受下（见图 11-43）。

图 11-43　音频播放器

案例 105 http://ay8yt.gitee.io/htmlcss/105/index.html，你可以打开网址在线编写并查看结果。

代码其实非常简单，只需把音乐的地址确定好就可以了。

```
<audio controls autoplay loop>
    <source src="音乐文件的网络地址">
</audio>
```

上述代码中，`autoplay` 表示自动播放，不需要的话可以去掉这个单词。`loop` 表示循环播放，不需要的话同样可以去掉这个单词。至于如何添加多首歌曲并进行自由的切换，那就是学完 JS 以后要考虑的事了。

11.6.2　添加视频

假如你已经在一些自媒体有了自己发布的视频，并想把它们加入进来。通常自媒体平台都提供了快捷的网站嵌入方式。以 B 站为例，在视频的下方找到分享按钮，单击后就会弹出一个分享面板，找到下方一个叫作【嵌入代码】的按钮，如图 11-44 所示。

图 11-44　获取视频嵌入代码

单击【嵌入代码】按钮就会自动复制一段代码，将这段代码粘贴到你的代码中，便可以在页面中引入该视频。这段代码的内容如图 11-45 所示。

```
<iframe
    src="//player.bilibili.com/player.html?aid=207210207&bvid=BV1Fh411B7KF&cid=384749917&p=1"
    scrolling="no"
    frameborder="no"
    framespacing="0"
    allowfullscreen="true"
    width="800px"      这两个属性是我自己加的，用来设定视频的大小
    height="450px"
>
</iframe>
```

图 11-45　视频嵌入代码

这种方式引入视频比较便捷，缺点就是视频清晰度通常会被平台限制。

如果能看到这里，相信你已经按时按量地完成了前面的所有练习。那么完成你自己的个人网站也只是时间问题了。不知道我刻意安排的知识点讲解顺序，是否对你的理解有所帮助；不知道在线的案例练习，是否帮助你消除了只看不做的问题；不知道知识补给站的设计，有没有提高一些你的计算机素养或提升你对编程的兴趣；不知道单词表是否能帮助你更轻松去阅读代码。

我希望能用这种不同于传统的学习方式，来最大限度地降低读者的学习成本。由于知识点全部穿插在了案例当中，因此当你在复习时很难通过目录精准快速地查找某个知识点，所以我在附录中重新做了一个**知识点索引**。希望能给你带来一些方便。我实在不喜欢浪费时间讲太多话，在结尾处也没什么好感慨的，那就这样吧。或许我们还会在下一本书中再见面！

热爱，可抵漫长岁月！祝你学习成功！

知识补给站

知识补给站主要针对一些可能会阻碍你学习的计算机常识进行科普，如果你已经对它们比较了解，完全可以跳过它们。本章涉及的话题包含：

世界上第一个程序员是谁？ 蓝光高清和 1080P 的区别是什么？

补给 1：世界上第一个程序员是谁

或许跟你的常识恰恰相反，世界上第一个程序员并非男性，而是一个来自 19 世纪的女性。她叫奥古斯塔·埃达·拜伦。她的父亲你可能会更熟悉，就是著名的英国浪漫主义诗人乔治·戈登·拜伦。

埃达从小就展现出了聪明的头脑和过人的数学天赋，也一直对数学逻辑研究抱有兴趣。那么她是如何编写世界上第一个计算机程序的呢？

实际上世界上第一个计算机程序并非今天我们所理解的代码。19 世纪著名的数学家巴贝奇设想了一种新型机械计算机，叫作分析机。它被称为是现代计算机的雏形，即世界上第一台真正的计算机。不过很可惜，由于种种原因分析机并没有真正得被制造出来。不过后来一位数学家撰写了一份关于分析机的法语报告《分析机概述》，埃达后来将此文翻译成英文并编写了大量的注释。在其中一个注释中，埃达详细解释了分析机计算努伯利数的方法，这张图表也被誉为是世界上第一个计算机程序（见图 11-46），也因此，埃达被普遍认为是世界上第一个程序员。

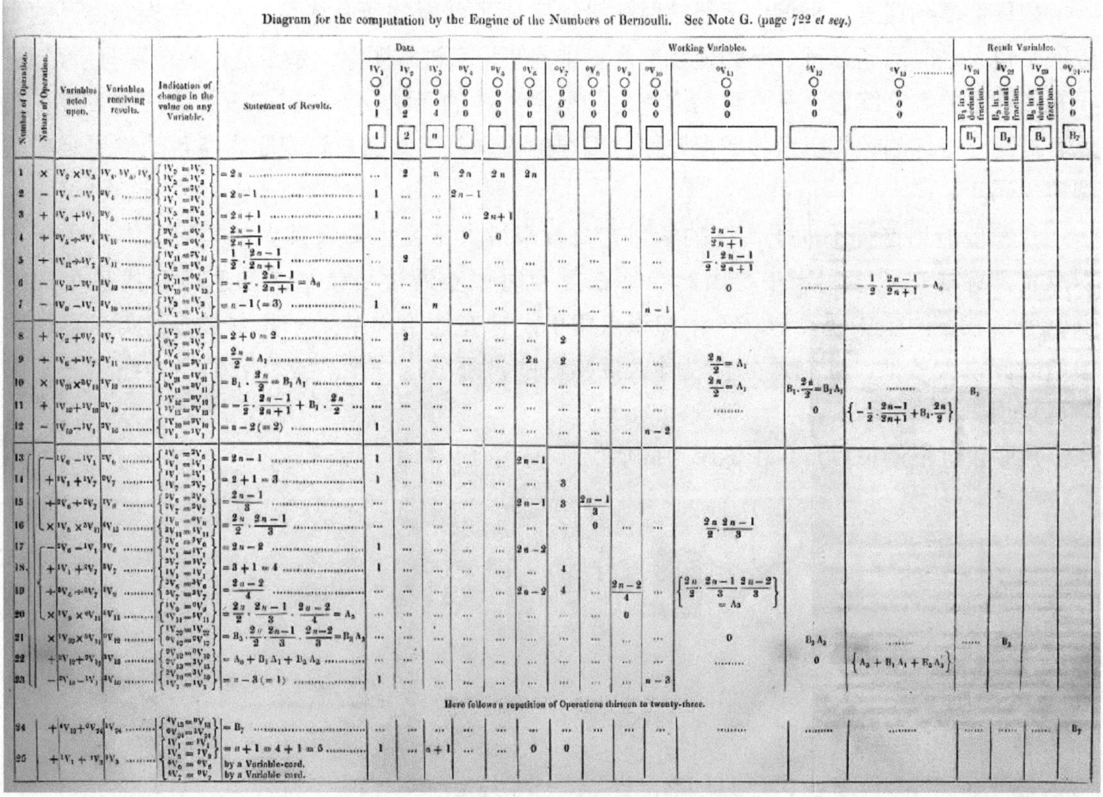

图 11-46　世界上第一个计算机程序

补给 2：蓝光高清与 1080P 的区别是什么

首先，解释一个很多人的误区。蓝光并不是指某种视频格式，它是一种存储技术，利用蓝光更短的波长来读写数据，可以使得一张光碟上存储的数据量大大地提高。而电影的清晰程度不仅仅和分辨率有关，一个电影视频的大小取决于分辨率、码率、帧率等各种因素。那么一部分辨率达到 4K（3840x2160），60 帧率的电影，可以达到上百 GB 的大小。这种电影也只有采用蓝光技术才能在光碟上进行存储，因此蓝光高清后来也就成了超高清电影的代名词。

1080P 中的字母 P 是 Progressive 逐行扫描的意思，所以 1080 说的是垂直分辨率大小，根据标准 16：9 的长宽比进行计算。那么 1080P 的分辨率等于 1920x1080。

常见的分辨率大小如下。

4K：3840x2160（即 1080P 宽高各乘以 2）

2K：2048x1080（标准不统一，也可能更高）

1080P：1920x1080

720P：1280x720

单词表

　　英语是不好学但又非常必要的东西，如果你在读代码的过程中感到了吃力，多半是因为单词造成的。这里没有多余单词，只收集本章节当中出现过的。如果忘记了记得随时来翻一翻。

英 文 单 词	音　　标	中 文 解 释	编 程 含 义
linux	/ˈlɪn.əks/	Linux 操作系统	Linux 操作系统
radial	/ˈreɪdiəl/	辐射状的	辐射状的
transparent	/trænsˈpærənt/	透明的	透明的
typing	/ˈtaɪpɪŋ/	打字、输入	打字、输入
loop	/luːp/	环形、循环	环形、循环

附 录

附录 A 单词汇总

英 文 单 词	音 标	中 文 解 释	编 程 含 义
hyper text	/ˈhaɪpə tekst/	计算机专有词汇	超文本
absolute	/ˈæbsəluːt/	绝对的	绝对的
align	/əˈlaɪn/	（使）排成一条直线	对齐方式
appearance	/əˈpɪərəns/	演出、到场、外观	外观
area	/ˈeəriə/	区域	区域
article	/ˈɑːtɪk(ə)l/	文章、物品	网页正文
aside	/əˈsaɪd/	旁边	旁边
auto	/ˈɔːtəʊ/	汽车、自动的	自动的
background	/ˈbækɡraʊnd/	学历、出身、背景	背景
banner	/ˈbænə(r)/	横幅广告	一般指网页头部的轮播大图
between	/bɪˈtwiːn/	介于……之间	介于……之间
blank	/blæŋk/	空白的	空白的
block	/blɒk/	街区、块状	块状
body	/ˈbɒdi/	身体、躯干	主体部分
border	/ˈbɔːdə(r)/	边界	边框
both	/bəʊθ/	双方、两者都	双方、两者都
bottom	/ˈbɒtəm/	底部	底部
box	/bɒks/	盒子	盒子
button	/ˈbʌt(ə)n/	纽扣、扣子；按钮	按钮
Cascading Style Sheet		计算机专有词汇	层叠样式表
center	/ˈsentə(r)/	中间、中心、焦点	中心位置
checkbox	/ˈtʃekbɒks/	复选框	复选框
checked	/tʃekt/	检查	（复选框）选中的
child	/tʃaɪld/	儿童、孩子	子元素

（续）

英 文 单 词	音 标	中 文 解 释	编 程 含 义
class	/klɑːs/	班级、类别	类别
clear	/klɪə(r)/	完全明白、清除清理	清除
col	/ˈkɒləm/	列	column 单词的简写
color	/ˈkʌlə(r)/	颜色	颜色
contain	/kənˈteɪn/	包含	包含
content	/ˈkɒntent/	内容	内容
cover	/ˈkʌvə(r)/	覆盖	覆盖
cursor	/ˈkɜːsə(r)/	光标	光标
decoration	/ˌdekəˈreɪʃ(ə)n/	装饰	装饰
delay	/dɪˈleɪ/	推迟、延迟	延迟
device	/dɪˈvaɪs/	设备	设备
direction	/dəˈrekʃ(ə)n/	方向、方位	方向、方位
display	/dɪˈspleɪ/	显示	显示
email	/ˈiːmeɪl/	电子邮件	电子邮件
even	/ˈiːv(ə)n/	平坦、平静、偶数的	偶数的
family	/ˈfæməli/	家庭、家族、具有相同特征的某一类东西	某一类东西
favorite	/ˈfeɪvərɪt/	最喜爱的	最喜爱的
first	/fɜːst/	第一位、首先	第一位
fixed	/fɪkst/	修理、固定的	固定的
flex	/fleks/	弯曲、有弹性	有弹性的（布局）
float	/fləʊt/	浮动	浮动
font	/fɒnt/	字体	字体
form	/fɔːm/	表单	表单
gradient	/ˈɡreɪdiənt/	坡度、梯度	梯度
grow	/ɡrəʊ/	长大、成长	长大、成长
header	/ˈhedə(r)/	头球、页眉、数据头	头部
height	/haɪt/	身高、高度	高度
history	/ˈhɪstəri/	历史	历史
hover	/ˈhɒvə(r)/	翱翔、盘旋；徘徊、守候	鼠标悬停于……之上
href		计算机专有词汇	hypertext reference

（续）

英 文 单 词	音　标	中 文 解 释	编 程 含 义
icon	/ˈaɪkɒn/	图标、偶像、代表	图标
id		identity 的简写，表示身份	表示身份，具有唯一性
img	/ˈɪmɪdʒ/	图片、影像	image 单词的简写
indent	/ɪnˈdent/	缩进	缩进
initial	/ɪˈnɪʃ(ə)l/	初始的	初始的
inline	/ˈɪnlaɪn/	行内、内联	行内、内联
input	/ˈɪnpʊt/	输入	输入
inset	/ˈɪnset/	嵌入物	嵌入、向内
justify	/ˈdʒʌstɪfaɪ/	证明、论证、辩解	两端对齐
language	/ˈlæŋgwɪdʒ/	语言、术语	语言
last	/lɑːst/	最后的、最近的、上一个的	最后的
left	/left/	左边的；剩余的	左边的
line through		划掉、勾销	删除线
linear	/ˈlɪniə(r)/	线性的	线性的
linux	/ˈlɪn.əks/	Linux 操作系统	Linux 操作系统
loop	/luːp/	环形、循环	环形、循环
main	/meɪn/	主要的	主要的
margin	/ˈmɑːdʒɪn/	差额、幅度；盈余、利润；边缘	外边距
markup	/ˈmɑːkʌp/	标记	标记、标签
media	/ˈmiːdiə/	媒体	媒体
menu	/ˈmenjuː/	菜单	菜单
middle	/ˈmɪd(ə)l/	中间的	中间的
navigation	/ˌnævɪˈgeɪʃ(ə)n/	导航	导航
none	/nʌn/	无、不存在	无、不存在
number	/ˈnʌmbə(r)/	数字、号码	数字、号码
odd	/ɒd/	奇怪、偶尔、奇数的	奇数的
opacity	/əʊˈpæsəti/	不透明	不透明
origin	/ˈɒrɪdʒɪn/	起源、原点	原点
overflow	/ˌəʊvəˈfləʊ/	装满、溢出	溢出
padding	/ˈpædɪŋ/	填充	填充

（续）

英 文 单 词	音　　标	中 文 解 释	编 程 含 义
password	/ˈpɑːswɜːd/	密码	密码
perspective	/pəˈspektɪv/	视角、透视的	透视关系
placeholder	/ˈpleɪshəʊldə(r)/	占位符	占位符
point	/pɔɪnt/	点	点
position	/pəˈzɪʃ(ə)n/	位置	位置
preserve	/prɪˈzɜːv/	保持、维护	保持
radial	/ˈreɪdiəl/	辐射状的	辐射状的
radio	/ˈreɪdiəʊ/	收音机	单选
relative	/ˈrelətɪv/	相对的	相对的
repeat	/rɪˈpiːt/	重复	**重复**
reset	/ˌriːˈset/	重置	重置
right	/raɪt/	右边的；正确的	右边的
rotate	/rəʊˈteɪt/	旋转	旋转
scale	/skeɪl/	天平、尺度、比例	比例
screen	/skriːn/	屏幕	屏幕
section	/ˈsekʃ(ə)n/	部分、部件	段落、区域
shadow	/ˈʃædəʊ/	阴影	阴影
shrink	/ʃrɪŋk/	缩小、减少	缩小、减少
size	/saɪz/	大小、尺寸	大小、尺寸
solid	/ˈsɒlɪd/	固态的、实心的	实线（边框）
src	/sɔːs/	来源、出处	source 单词的简写
stretch	/stretʃ/	持续、延伸	持续、延伸
style	/staɪl/	风格、样式	风格、样式
submit	/səbˈmɪt/	提交	提交
table	/ˈteɪb(ə)l/	桌面、工作台、表格、棋盘	表格
target	/ˈtɑːgɪt/	目标	目标
title	/ˈtaɪt(ə)l/	标题、称号、头衔、职位	标题
top	/tɒp/	顶部	顶部
transform	/trænsˈfɔːm/	使变形、转换规则	变形
transition	/trænˈzɪʃ(ə)n/	过渡、转变	过渡

（续）

英 文 单 词	音 标	中 文 解 释	编 程 含 义
translate	/trænzˈleɪt/	翻译、转换	（位置）转换
transparent	/trænsˈpærənt/	透明的	透明的
type	/taɪp/	类型	类型
typing	/ˈtaɪpɪŋ/	打字、输入	打字、输入
value	/ˈvæljuː/	价值、等值	价值、等值
vertical	/ˈvɜːtɪk(ə)l/	垂直的	垂直的
viewport	/ˈvjuːpɔːt/	视口	视口
wavy	/ˈweɪvi/	波浪形状的	波浪形状的
weight	/weɪt/	重量、分量	权重
width	/wɪdθ/	宽度、广度	宽度

附录 B　知识点索引

➤ nth-child（n）——章节 7. 1. 1

➤ nth-child（even）——章节 7. 2

➤ nth-child（odd）——章节 7. 2

➤ nth-of-type（n）——章节 7. 1. 3

➤ xx［attr＝xx］属性选择器——章节 7. 1. 2

➤ 选择器总结——章节 7. 3

13）文本样式

➤ 基本样式——章节 4. 1

➤ line-height 行高（概念）——章节 3. 3

➤ line-height 行高（总结）——章节 4. 1. 2

➤ text-align 对齐方式——章节 4. 1. 2

➤ text-indent 首行缩进——章节 4. 1. 2

➤ text-shadow 文本阴影——章节 9. 1. 2

14）border 边框

➤ 基本使用——章节 3. 4

➤ border-type 边框类型——章节 3. 5. 2

➤ 盒模型练习——章节 4. 6. 3

15）background 背景

➤ background-image 背景图基本使用——章节 4. 2. 1

➤ repeat 平铺设置——章节 4. 2. 2

➤ background-position 定位——章节 4. 2. 3

➤ 纹理背景——章节 4. 2. 4

➤ background-size 背景图尺寸——章节 8. 1. 1

➤ linear-gradient 背景渐变——章节 9. 1. 2

16）float 浮动

➤ 基本特点——章节 4. 3

➤ 父元素高度塌陷——章节 4. 3. 3

➤ clear 清除浮动影响——章节 4. 3. 4

➤ 浮动元素换行问题——章节 4. 5. 1

➤ 右浮动顺序问题——章节 4. 5. 2

➤ 浮动元素重叠问题——章节 4. 5. 3

17）盒模型

➤ margin 外边距——章节 4. 5. 3

➤ padding 内填充——章节 4. 6. 2

18）CSS 属性简写

➤ background 写法——章节 4. 8. 1

➢ border 写法——章节 4. 8. 2

➢ font 写法——章节 4. 8. 3

➢ margin 写法——章节 4. 8. 4

➢ color 写法——章节 4. 8. 5

➢ padding 写法——章节 4. 8. 6

19) 元素类型

➢ block 块元素——章节 5. 1. 1

➢ inline 行内元素——章节 5. 1. 1

➢ inline-block 行内块元素——章节 5. 1. 1

➢ inline-block 行内块元素——章节 9. 5

20) 定位

➢ relative 相对定位——章节 5. 2. 1

➢ absolute 绝对定位　　章节 5. 2. 2

➢ fixed 固定定位——章节 5. 2. 3

➢ 确定定位元素的参考系——章节 5. 2. 4

21) 伪类

➢ :hover 基本使用——章节 5. 3

➢ :hover 练习——章节 5. 4

➢ :checked 选中状态——章节 7. 4. 5

➢ ::after 伪元素——章节 7. 4. 2

22) cursor:pointer 鼠标样式——章节 5. 4

23) 精灵图 spirit——章节 5. 5

24) overflow——章节 6. 4

25) BFC——章节 6. 5

26) box-shadow 盒子阴影——章节 7. 4. 4

27) transition 过渡

➢ 基本使用——章节 7. 5. 2

➢ transition-delay——章节 8. 1. 1

28) transform 变形

➢ translate 位移——章节 8. 1. 2

➢ scale 缩放——章节 8. 1. 3

➢ rotate 旋转——章节 8. 1. 4

29) 3D 效果

➢ perspective 透视距离——章节 8. 2. 1

➢ preserve-3d 3D 旋转——章节 8. 2. 2

30) @keyframes 帧动画——章节 8. 2. 3

31）@ media 媒介查询——章节 9. 1. 2

32）字体图标——章节 7. 7

33）移动端布局

➤ 百分比布局——章节 9. 3

➤ 媒介查询——章节 9. 3

34）Flex 弹性盒模型

➤ justify-content——章节 10. 1. 2

➤ align-items——章节 10. 1. 2

➤ flex-grow——章节 10. 1. 4

➤ flex-shrink——章节 10. 1. 4